Oliver Brunn

Modellierung des dreidimensionalen Strahlungswärmeaustauschs in Verbrennungsräumen mittels Monte Carlo Methode

Modellierung des dreidimensionalen Strahlungswärmeaustauschs in Verbrennungsräumen mittels Monte Carlo Methode

von
Oliver Brunn

KIT Scientific Publishing

Dissertation, Karlsruher Institut für Technologie
Fakultät für Chemieingenieurwesen und Verfahrenstechnik,
Tag der mündlichen Prüfung: 05.03.2010

Impressum

Karlsruher Institut für Technologie (KIT)
KIT Scientific Publishing
Straße am Forum 2
D-76131 Karlsruhe
www.uvka.de

KIT – Universität des Landes Baden-Württemberg und nationales
Forschungszentrum in der Helmholtz-Gemeinschaft

KIT Scientific Publishing 2010
Print on Demand

ISBN 978-3-86644-514-7

Modellierung des dreidimensionalen Strahlungswärmeaustauschs in Verbrennungsräumen mittels Monte Carlo Methode

zur Erlangung des akademischen Grades eines
DOKTORS DER INGENIEURWISSENSCHAFTEN (Dr.-Ing.)

der Fakultät für Chemieingenieurwesen und Verfahrenstechnik der
Universität Fridericiana Karlsruhe (TH)
genehmigte

DISSERTATION

von
Dipl.-Ing. Oliver Brunn
aus Heidelberg

Referent: Prof. Dr.-Ing. N. Zarzalis
Korreferent: Prof. Dr.-Ing. C. Posten
Tag des Kolloquiums: 05.03.2010

Meiner Familie gewidmet

Danksagung

Die vorliegende Arbeit entstand am Lehrstuhl für Verbrennungstechnik des Engler-Bunte-Instituts der Universität Karlsruhe (TH). Ich möchte mich ganz herzlich bei allen bedanken, die mich bei dieser Arbeit unterstützt haben und somit zu ihrem Gelingen beigetragen haben.

Besonders hervorheben möchte ich meinen Doktorvater Herrn Prof. Dr.-Ing. Nikolaos Zarzalis, der diese Arbeit angeregt hat und mich während der Durchführung betreute. Für die wertvollen fachlichen Diskussionen, die maßgeblich zum Gelingen dieser Arbeit beigetragen haben, sowie das mir entgegengebrachte Vertrauen eigenständig zu arbeiten möchte ich mich bedanken.

Herrn Prof. Dr.-Ing. Clemens Posten danke ich für die Übernahme des Korreferats.

Durch die freundschaftliche Atmosphäre am Institut wird mir die Zeit meiner Promotion stets positiv in Erinnerung bleiben. Besonders innerhalb der Theoriegruppe herrschte immer ein reger fachlicher Austausch. Stellvertretend möchte ich mich an dieser Stelle für die unkomplizierte Zusammenarbeit bei Peter Habisreuther, Matthias Hettel, Walter Pfeffinger, Thomas Lischer, Frank Wetzel, Dirk Großschmidt, Georg Donnert und Torsten Voigt bedanken.

Meiner Familie danke ich für die Unterstützung während der Durchführung dieser Arbeit. Ein besonderer Dank gilt meiner Mutter für ihren stetigen Rückhalt. Meinem Bruder Holger danke ich für die tolle Zeit die wir gemeinsam in Karlsruhe verbracht haben. Meiner Freundin Claudia danke ich dafür, dass sie immer für mich da ist.

Düsseldorf, März 2010

Oliver Brunn

Inhaltsverzeichnis

Symbolverzeichnis

Symbol	Dimension	Physikalische Bedeutung
a	m^2/s	Temperaturleitfähigkeit
c	m/s	Wellengeschwindigkeit
c_0	m/s	Lichtgeschwindigkeit $c_0 = 2,99792458 \cdot 10^8 m/s$
d	$1/cm$	Linienabstand
e	J/kg	spezifische innere Energie
e	$W/(m^2\ \mu m\ sr)$	Strahlungsflussdichte
f	$1/s$	Frequenz
h	Js	Planck'sches Wirkungsquantum $h = 6,62607 \cdot 10^{-34} Js$
h	J/kg	spezifische Enthalpie
k	$cm^{-1}bar^{-1}$	druckbezogener Absorptionskoeffizient / Linienabsorptionskoeffizient
k_B	J/K	Boltzmann Konstante $k_B = 1,3806505 \cdot 10^{-23} J/K$
l	m	Länge
m	kg	Masse
m_i	kg	Masse der Spezies i
n	$-$	Brechungsindex
$\vec{n}$	m	Einheitsflächennormalenvektor
p	bar	Druck
$\vec{q}$	W/m^2	Strahlungsflussvektor
r, s, t	m	lokale Koordinaten
r	m	Radius
s	m	Wegstreke
$\vec{u}$	m/s	Geschwindigkeitsvektor

t	s	Zeit
x_i	$-$	Molenbruch der Spezies i
x, y, z	m	kartesische Koordinaten
y_i	$-$	Massenbruch der Spezies i
A	m^2	Fläche
D	m^2/s	Diffusionskoeffizient
Da	$-$	Damköhler-Zahl
E		Strahlungsleistung
I_b	W/m^2	Intensität des schwarzen Körpers
I_λ	$W/(m^2\ \mu m\ sr)$	spektrale, gerichtete Strahlungsintensität
Pr	$-$	Prandtl-Zahl
Q	W	Strahlungswärme
R	$-$	Zufallszahl
Re	$-$	Reynolds-Zahl
S	$m^{-1}bar^{-1}m$	Linienintensität
Sc	$-$	Schmidt-Zahl
T	K	Temperatur
V	m^3	Volumen
$W(i)$	$-$	Gewichtungsfunktion
X	$-$	optische Dichte
Z	$-$	Mischungsbruch

Griechische Symbole

α	$-$	Absorptionsverhältnis
β	$-$	Extinktionskoeffizient
γ	$1/cm$	Halbwertsbreite
ε	$-$	Emissionsverhältnis
κ	$1/cm$	Absorptionskoeffizient
λ	$1/m$	Wellenlänge
μ	$kg/(m\ s)$	dynamische Viskosität
ν	m^2/s	kinematische Viskosität
ν	$1/s$	Frequenz
ϑ	$^\circ$	Winkel zwischen Achsen in lokalem Koordinatensystem
ρ	$-$	Reflexionsverhältnis
ρ	kg/m^3	Dichte

σ	$1/cm$	Streukoeffizient
σ	$W/\left(m^2\ K^4\right)$	Stefan-Boltzman Konstante $\sigma = 5,6696 \cdot 10^{-8} W/\left(m^2\ K^4\right)$
τ	–	Transmissionsverhältnis
ω	m	Wellenzahl
Φ	$*$	Erhaltungsgröße
Φ	–	Phasenfunktion
Ω	$^\circ$	Polarwinkel
Ψ	$^\circ$	Azimutalwinkel

Indizes

b	Schwarzkörpereigenschaft
em	in Emissionsrichtung
i	Spezies i
s	in Richtung s
D	dopplerverbreitert
K	kollisionsverbreitert
λ	spektral, wellenlängenbezogen
ω	spektral, wellenzahlbezogen

1 Motivation und Zielsetzung

Nach wie vor ist die Reduzierung der Schadstoffemissionen eines der zentralen Entwicklungsziele bei der Auslegung moderner Verbrennungsanlagen. Vor dem Hintergrund der aktuellen CO_2-Problematik und der Forderung nach effizienterer Nutzung fossiler Brennstoffe werden insbesondere für automobile Verbrennungsmotoren und Fluggasturbinen schadstoffarme und energiesparende Lösungen notwendig. Im Idealfall kann mit einem neuen Konzept die Reduzierung der Schadstoffemissionen bei gleichzeitiger Erhöhung der pro Liter Brennstoff zurückgelegten Kilometer bzw. beförderten Personen realisiert werden. Dies hat die Erhöhung der Leistungsdichte in den jeweiligen Verbrennungsräumen und somit eine erhöhte thermische Belastung der Hochtemperaturbauteile zur Folge. In modernen Gasturbinenbrennkammern werden bei der Verbrennung Höchsttemperaturen erreicht, die die maximal zulässigen Materialtemperaturen der eingesetzten Werkstoffe überschreiten. Somit ist die Kühlung von Brennkammerteilen und der ersten Turbinenstufe notwendig um das Versagen der Bauteile zu verhindern und einen sicheren Betrieb zu gewährleisten.

Bei modernen Gasturbinen wird die geforderte Reduzierung der Stickoxidemissionen häufig durch die Abmagerung der Verbrennungszone bei gleichzeitiger Homogenisierung des Brennstoff/Luft-Gemisches erreicht. Ein Nachteil dieses Mager-Vormisch-Konzepts ist die Verringerung der Zündstabilität aufgrund erhöhter Sensibilität der Flamme gegenüber lokalen Wärmeverlusten. Der Einfluss lokaler Wärmeverluste auf die chemische Reaktion und die Stabilität mager brennender Flammen wurde von Wetzel (2007) am Engler-Bunte-Institut numerisch untersucht. Die durchgeführten Untersuchungen zeigen deutlich, dass lokale Strahlungswärmeverluste in der Reaktionszone ein lokales Erlöschen der Flamme zur Folge haben können. Hierdurch treten unerwünschte Betriebsbedingungen an den Brennern auf und es kann zum mageren Erlöschen der Flamme kommen. Zudem hat die unter mageren Bedingungen betriebene Verbrennung eine Reduzierung der Kühlluftmenge und somit eine Erhöhung der Wärmebelastung der Brennkammerwände zur Folge.

Aus detaillierten analytischen Untersuchungen lassen sich Maßnahmen zum Schutz der Heißgasteile ableiten. Durch ein geeignetes Kühlkonzept kann bei genauer Kenntnis der zu erwartenden Wärmebelastung genügend Wärme abgeführt werden um den sicheren Betrieb zu gewährleisten. Die übertragene Wärme setzt sich prinzipiell aus drei Anteilen zusammen. Dies sind zum einen die durch Konvektion und Wärmeleitung übertragenen Wärmeströme. Zum anderen findet Wärmeübertragung durch Strahlung statt, wobei im Heißgasbereich davon auszugehen ist, dass der durch Strahlung übertragene Wärmeanteil den konvektiv und konduktiv übertragenen Anteil überwiegt. Zur Reduzierung der Wärmebelastung durch Strahlung finden zusätzlich Wandmaterialien mit hohem Reflexionsvermögen Verwendung. Diese können z.B. als Wärmedämmschichten auf die jeweiligen Bauteile aufgebracht werden.

Im Gegensatz zu den Verbrennungsmaschinen wird bei unterschiedlichen industriellen Prozessen die bei der Verbrennung freigesetzte Strahlungswärme gezielt genutzt. Beim Einsatz von Brennern in Glasschmelzöfen werden lange, leuchtende Flammen zur Erzeugung der benötigten hohen Temperaturen und einer homogenen Schmelze benötigt. Auf Rostöfen werden häufig Brennstoffe verwendet, die einen hohen Feuchtigkeitsanteil aufweisen. Der Verbrennungsprozess in diesen Anlagen wird daher so gesteuert, dass die durch Strahlung freigesetzte Wärme das neu aufgegebene Brenngut trocknet, bevor es die eigentliche Verbrennungszone erreicht.

Es ist daher sowohl für das Design neuartiger Brennkammerbauteile als auch die Auslegung unterschiedlichster Hochtemperaturprozesse unbedingt erforderlich, die Wärmeübertragung durch Strahlung und den daraus resultierenden Wärmestrom bereits in einer frühen Entwicklungsphase rechnerisch zu ermitteln und in der späteren Umsetzung zu berücksichtigen.

Die Genauigkeit der modellierten Strahlungseigenschaften der am Strahlungsaustausch beteiligten Medien sowie das zum Lösen der Strahlungstransportgleichung verwendete Berechnungsverfahren bestimmen die Vorhersagequalität der durch Strahlung abgegebenen Wärmemenge und der resultierenden Wärmeflüsse. Die Tatsache, dass die notwendigen numerischen Methoden sehr aufwändig sind, ist der Grund dafür, dass in der Vergangenheit stark vereinfachte Modellierungsansätze verwendet wurden, um den rechnerischen Aufwand zu reduzieren. Aufgrund der in den letzten Jahren erheblich gestiegenen Rechengeschwindigkeiten und Speicherkapazitäten handelsüblicher Rechner ist man für eine detaillierte Modellierung selbst komplexer Geometrien jedoch nicht mehr unbedingt auf Großrechenanlagen angewiesen. Somit sind Geschwindigkeit und Speicher, zumindest für wissenschaftliche Berechnungen, nicht mehr als limitierend anzusehen und es können in akzeptabler Zeit Berechnungen mit sehr hoher Genauigkeit durchgeführt werden.

Ziel dieser Arbeit ist die Bereitstellung eines geeigneten Berechnungsverfahrens, mit welchem der dreidimensionale Strahlungswärmeaustausch in Verbrennungsräumen vollständig wiedergegeben werden kann. Das Rechenverfahren soll nach Bereitstellung eines Rechengitters und unter Vorgabe der Spezies- und Temperaturverteilung als allein stehendes Programm betrieben werden können. Weiterhin soll das Programm über eine geeignet definierte Schnittstelle mit einem kommerziellen, dreidimensionalen Strömungsberechnungsverfahren gekoppelt werden können, wodurch der Strahlungswärmeaustausch bei der Auslegung und Berechnung von Verbrennungssystemen berücksichtigt werden kann.

Zur vollständigen Beschreibung des Strahlungswärmeaustauschs gehört die Berechnung sowohl der von den Wänden als auch von den strahlungsaktiven Verbrennungsprodukten emittierten Strahlung. Diese sind zum einen die Strahlung ausgehend von den Verbrennungsgasen, insbesondere CO, CO_2 und H_2O, wobei dem Bandencharakter der Gasstrahlung Rechnung getragen werden soll. Zum anderen Strahlung aufgrund von Flammenruß, der in einem kontinuierlichen Spektrum Strahlung emittiert. Sowohl die Strahlungseigenschaften der Verbrennungsgase, als auch die des Flammenrußes sollen spektral aufgelöst modelliert werden. Die Anwendbarkeit der zur Modellierung der Strahlungseigenschaften verwendeten Ansätze wird mit spektralen Messungen, die an einer Modellbrennkammer am Engler-Bunte-Institut durchgeführt (vgl Heilos (2002)) wurden, überprüft.

Das Berechnungsverfahren soll anhand unterschiedlicher akademischer Beispiele seine Leistungsfähigkeit im Vergleich zu anderen Lösungsverfahren unter Beweis stellen und validiert werden. Weiterhin werden sowohl eingeschlossene als auch frei brennende Flammen, die unter Versuchsbedingungen vermessen wurden, modelliert. Durch den Vergleich der Berechnungsergebnisse mit den Messungen soll die Vorhersagefähigkeit des entwickelten Rechenverfahrens hinsichtlich praxisrelevanter Betriebsbedingungen bewertet werden.

2 Modellierung turbulenter Verbrennungsprozesse

Die Modellierung verbrennungstechnischer Systeme erfordert die Berücksichtigung verschiedener physikalischer Phänomene. So müssen neben der während der Verbrennung ablaufenden chemischen Reaktion eines Brennstoffes mit Sauerstoff ebenfalls die meist turbulenten Mischungsvorgänge im Brennraum erfasst werden. Die bei der Verbrennung freigesetzte Wärme wird durch Konvektion, Wärmeleitung und Wärmestrahlung an die die Flamme umgebenden Materialien übertragen. Die übertragene Wärme übt bei den im Heißgasbereich verbauten Bauteilen über die lokale Temperaturverteilung ebenfalls direkten Einfluss auf die mechanischen Eigenschaften der Komponenten aus.

Dieses Kapitel gibt einen allgemeinen Überblick über die der Numerik zu Grunde liegenden Gleichungen sowie Modellierungsansätze und -methoden zur mathematischen Beschreibung turbulenter Verbrennungsprozesse. Neben dem im Verlauf der vorliegenden Arbeit verwendeten Turbulenzmodell werden die angewandten Verbrennungsmodelle kurz vorgestellt. Grundlegende und detaillierte Herleitungen der Transportphänomene in turbulenten Strömungen finden sich z.B. in Bird u. a. (2002) und Pope (2000). Eine ausführliche Übersicht über die Berechnungsverfahren zur Beschreibung von Verbrennungsprozessen findet sich beispielsweise in Libby und Williams (1995) oder Gerlinger (2005).

2.1 Strömungsmechanische Grundgleichungen

Die Beschreibung des Strömungszustandes eines Fluids erfolgt durch das Lösen der Bilanzgleichungen der physikalischen Prinzipien der Massen- und Impulserhaltung, den Navier-Stokes Gleichungen. Ausgehend von der Eulerschen Betrachtungsweise eines ortsfesten Volumenelements dV lassen sich die Erhaltungsgleichungen über differenzielle Bilanzierungen herleiten.

$$\frac{\partial \rho \Phi}{\partial t} + \nabla \cdot (\rho \vec{u} \Phi) = \nabla \cdot (\rho \Gamma_\Phi \nabla \Phi) + S_\Phi \tag{2.1}$$

Gleichung 2.1 beschreibt allgemein den Transport einer spezifischen, massenbezogenen Erhaltungsgröße Φ im Volumenelement. Die linke Seite beschreibt die zeitliche Änderung der transportierten Größe und den konvektiven Transport infolge der mittleren Geschwindigkeit $\vec{u}$. Der erste Term der rechten Seite berücksichtigt Transportprozesse aufgrund von Konzentrationsgradienten $\nabla\Phi$. Γ_Φ entspricht einer allgemeinen, von der physikalischen Größe abhängigen Transportkonstanten. Mit S_Φ werden lokale und externe Quell- und Senkenterme zusammengefasst.

Massenerhaltung:

$$\Phi = \frac{m}{m} = 1 \qquad S_\Phi = 0$$

$$\frac{\partial \rho}{\partial t} + \nabla \cdot (\rho \vec{u}) = 0 \tag{2.2}$$

Impulserhaltung:

$$\Phi = \frac{m\vec{u}}{m} = \vec{u} \qquad \Gamma_\Phi = \nu \qquad S_\Phi = -\nabla p + \vec{f}$$

$$\frac{\partial (\rho \vec{u})}{\partial t} + \nabla \cdot (\rho \vec{u} \vec{u}) = -\nabla p + \nabla \cdot \tau + \vec{f} \tag{2.3}$$

Der jeweils erste Term der linken Seite in den Gleichungen 2.2 und 2.3 beschreibt die zeitliche Änderung der Gesamtmasse bzw. des Impulses innerhalb des Volumenelementes dV. Der jeweils zweite Term der linken Seite stellt den konvektiven Transport infolge der Bewegung mit der Strömungsgeschwindigkeit $\vec{u}$ und somit den Fluß über die Grenzen des Volumenelementes dar. Auf der rechten Seite der Impulsgleichung werden die Druckkraft, die Reibungskraft und eingeprägte äußere Feldkräfte (z.B. Gravitation) berücksichtigt. Der Reibungstensor τ setzt sich aus den am Volumenelement angreifenden Normalspannungen $\tau_{i,i}$ und Schubspannungen $\tau_{i,j}$ zusammen. Der turbulente Reibungstensor ist stets symmetrisch und es gilt $\tau_{i,j} = \tau_{j,i}$. Die Normalspannung und Schubspannung für Newton'sche Fluide lauten:

$$\tau_{i,i} = 2\mu \frac{\partial u_i}{\partial x_i} - \frac{2}{3} \mu \nabla \cdot \vec{u} \tag{2.4}$$

$$\tau_{i,j} = \tau_{j,i} = \mu \left(\frac{\partial u_i}{\partial x_j} + \frac{\partial u_j}{\partial x_i} \right) \tag{2.5}$$

Über die Temperaturabhängigkeit der molekularen, dynamischen Viskosität μ und der Dichte ρ wird der Einfluss chemischer Reaktionen auf die Impulsbilanz berücksichtigt. Dadurch wird das bisher betrachtete Gleichungssystem jedoch unbestimmt und es müssen zusätzliche Erhaltungsgleichungen definiert werden.

Um eine Aussage über die zeitliche und lokale Gemischzusammensetzung zu erlangen, müssen für Einzelspezies i Transportgleichungen für den Massenbruch y_i gelöst werden:

Speziesmassenerhaltung:

$$\Phi = \frac{m_i}{m} = y_i \qquad \Gamma_\Phi = D = \frac{\nu}{Sc} \qquad S_\Phi = \dot{\omega}_i$$

$$\frac{\partial (\rho y_i)}{\partial t} + \nabla \cdot (\rho \vec{u} y_i) = \nabla \cdot (\rho D \nabla y_i) + \dot{\omega}_i \tag{2.6}$$

Gemäß dem Fick'schen Gesetz wird mit dem ersten Term auf der rechten Seite die molekulare Diffusion der Spezies i im Gasgemisch beschrieben. Dabei kann nach Warnatz u. a. (1997) für stark verdünnte Medien ein mittlerer Diffusionskoeffizient D für alle Spezies angenommen werden. Der zweite Term ist die Reaktions- oder Umsatzrate der Spezies i welche die Konzentrationsänderung durch chemische Reaktion beschreibt.

Die dritte fundamentale physikalische Erhaltungsgröße ist die innere Energie. Gemäß dem ersten Hauptsatz der Thermodynamik ergibt sich die Änderung der inneren Energie in einem Volumenelement aus der Summe der ein- und austretenden Wärmeströme und der durch Oberflächen- und Volumenkräfte am Volumenelement verrichteten Arbeit. Aus der inneren Energie e lässt sich mit

$$h = e + \frac{p}{\rho} \tag{2.7}$$

die spezifische Enthalpie h bestimmen und die Erhaltungsgleichung für die spezifische Enthalpie lautet somit:

Energieerhaltung:

$$\Phi = \frac{H}{m} = h \qquad \Gamma_\Phi = a = \frac{\nu}{Pr} \qquad S_\Phi = \dot{Q}_S$$

$$\frac{\partial(\rho h)}{\partial t} + \nabla \cdot (\rho \vec{u} h) = \frac{\partial p}{\partial t} + \vec{u}\nabla p + \tau : [\nabla \otimes \vec{u}] - \nabla \cdot \vec{j} + \dot{Q}_S \tag{2.8}$$

Mit $\dot{Q}_S$ werden z.B. durch Wärmestrahlung zu- bzw. abgeführte Wärmeleistungen berücksichtigt. Eine detaillierte Erläuterung zur Bestimmung des Strahlungsquellterms folgt in Kapitel 3.

Die Wärmestromdichte $\vec{j}$ beschreibt die über die Oberflächen des Volumenelements zu- bzw. abgeführte thermische Energie. Diese setzt sich zum Einen aus Wärmeströmen aufgrund lokaler Temperaturgradienten (Fourier'sche Wärmeleitung) und Enthalpie-Diffusion durch Massenbruchgradienten (Dufour-Effekt) zusammen. Zum Anderen wird durch Diffusion von Spezies unterschiedlicher Enthalpie (Fick'sche Diffusion), sowie Diffusion aufgrund von Temperatur- (Soret-Effekt) und Druckgradienten (Druckdiffusion) Wärme transportiert. Bei der Betrachtung von Verbrennungsprozessen können in der Regel jedoch der Soret-Effekt, die Druckdiffusion und der Dufour-Effekt vernachlässigt werden (Bird u. a. (2002), Warnatz u. a. (1997)). Die somit resultierende Wärmestromdichte setzt sich demnach aus der Wärmeleitung nach Fourier und einem Enthalpiestrom aufgrund von Speziesdiffusion nach Fick zusammen:

$$\vec{j} = -\lambda \nabla T + \rho D \sum_i h_i \nabla y_i \tag{2.9}$$

Hierin ist λ der Wärmeleitkoeffizient und D der Diffusionskoeffizient. Die spezifische Enthalpie h_i einer Spezies i mit dem Massenbruch y_i wird aus der Summe der spezifischen Standardbildungsenthalpie und ihrer spezifischen, fühlbaren Enthalpie gebildet. Mittels der Zustandsgleichung des idealen Gases werden die lokalen Werte von Dichte, Druck und Temperatur miteinander in Bezug gesetzt.

2.2 Turbulenzmodellierung

Zur Klassifizierung des Strömungszustands eines Fluids werden laminare und turbulente Strömungen unterschieden. Die Charakterisierung des laminar-turbulent Übergangs geschieht mittels einer dimensionslosen Kennzahl, der Reynolds-Zahl Re. Diese stellt das Verhältnis von Trägheits- zu Reibungskraft in der Strömung dar und wird aus der mittleren Strömungsgeschwindigkeit u, einer charakteristischen geometrischen Länge l_{char} und der kinematischen Viskosität des Fluids $\nu = \mu/\rho$ ermittelt.

$$Re = \frac{u \cdot l_{char}}{\nu} \tag{2.10}$$

Überschreitet die Reynolds-Zahl einen kritischen Wert bilden sich Strukturen in der Strömung aus, welche sich störend auf die laminare Strömung auswirken und die laminar-turbulente Transition einleiten. Turbulente Strömungen sind durch ihren instationären, dreidimensionalen, chaotischen Strömungszustand gekennzeichnet. Durch zusätzliche, turbulente Diffusion werden Mischungsprozesse durch Turbulenz verstärkt, weshalb turbulente Strömungen auch als mischungsintensiv bezeichnet werden. Turbulente Strukturen bilden sich zunächst als geometrieabhängige Wirbel aus. Diese großskaligen Wirbel tragen den Großteil der Energie in sich und sind wesentlich für die makroskopischen Austauschprozesse verantwortlich. Hinsichtlich ihrer Größe und ihres Energiegehalts lassen sich die Wirbel in verschiedene Klassen unterteilen. Jede Wirbelklasse ist durch sog. Makromaße, Längenmaß l_t und Geschwindigkeit $u_t(l_t)$, gekennzeichnet. Unter Berücksichtigung der Geschwindigkeit und des Längenmaßes der Makrowirbel wird die turbulente Reynolds-Zahl

$$Re_t = \frac{u_t \cdot l_t}{\nu_t} \tag{2.11}$$

definiert. Das Längenmaß der größten Wirbelstrukturen wird als integrales Längenmaß bezeichnet. Durch Streckung zerfallen die großen Wirbel in immer kleinere, hochfrequente Wirbel. Dabei wird kinetische Energie von den größeren an die kleineren Strukturen übertragen. Die Energieverteilung auf die unterschiedlichen Längenmaße kann mit dem turbulenten Energiespektrum als Funktion der Wellenzahl ($\kappa = 2\pi/l$) dargestellt werden. Die Dissipationsrate ε der turbulenten kinetischen Energie k ist proportional dem Verhältnis aus kinetischer Energie $u(l)^2$ und turbulentem Zeitmaß $l/u(l)$ (vgl. Kolmogorov (1941)).

$$\varepsilon \propto \frac{u(l)^2}{l/u(l)} = \frac{u(l)^3}{l} \tag{2.12}$$

Die turbulente Energie der kleinsten Wirbel (Kolmogorov Wirbel) wird durch molekulare Reibungskräfte vollständig in innere Energie dissipiert. Für das Verhältnis der Längenmaße der kleinsten Wirbel, Kolmogorov-Längenmaß $l_K = (\nu^3/\varepsilon)^{1/4}$, und größten Wirbel ergibt sich unter Verwendung der Gleichungen 2.11 und 2.12:

$$\frac{l_K}{l_t} \propto \left(\frac{\nu^3}{u(l_t)^3 \cdot l_t^3}\right)^{1/4} = Re_t^{-3/4} \tag{2.13}$$

Die **direkte numerische Simulation (DNS)** der Bilanzgleichungen ist für technisch relevante Prozesse bislang unwirtschaftlich, da durch die Charakteristik der Turbulenz, in verschiedenen Größenskalen vorzukommen, eine sehr feine numerische Auflösung notwendig ist. Zur Vermeidung der Notwendigkeit einer direkten numerischen Simulation wird bei der Betrachtung turbulenter Strömungen daher zwischen dem Mittelwert und dem Schwankungswert der betrachteten Feldgrößen unterschieden:

$$\Phi(\vec{x},t) = \overline{\Phi}(\vec{x},t) + \Phi'(\vec{x},t) \quad \text{mit} \quad \overline{\Phi'}(\vec{x},t) = 0 \tag{2.14}$$

Wird diese Art der Zerlegung auf die Erhaltungsgleichungen angewandt, so ergibt sich das als Reynolds-Averaged-Navier-Stokes Gleichungen (RANS) bekannte Gleichungssystem. Im Fall reagierender Strömungen bzw. Strömungen mit veränderlicher Dichte müssen durch die Zerlegung Dichtefluktuationen berücksichtigt werden. Um diese zu eliminieren wird eine dichtegewichtete Mittelung (Favre Mittelung) durchgeführt:

$$\widetilde{\Phi}(\vec{x},t) = \frac{\overline{\rho\Phi}}{\overline{\rho}}$$

$$\Phi(\vec{x},t) = \widetilde{\Phi}(\vec{x},t) + \Phi''(\vec{x},t) \quad \text{mit} \quad \overline{\Phi''}(\vec{x},t) = 0 \tag{2.15}$$

Wendet man die Mittelung auf Gleichung 2.1 an, ergibt sich die allgemeine Favre-gemittelte Transportgleichung:

$$\frac{\partial\overline{\rho}\widetilde{\Phi}}{\partial t} + \nabla\cdot\left(\overline{\rho}\widetilde{\vec{u}}\widetilde{\Phi}\right) = \nabla\cdot\left(\overline{\rho\Gamma_\Phi\nabla\Phi}\right) - \nabla\cdot\left(\overline{\rho}\widetilde{\Phi''\vec{u}''}\right) + \overline{S_\Phi} \tag{2.16}$$

Beide Gleichungen unterscheiden sich formal lediglich durch den zusätzlichen turbulenten Transportterm.

Für eine dreidimensionale Strömung ergibt sich als turbulenter Transportterm für die Impulserhaltung der sog. Reynolds'sche Spannungstensor:

$$\overline{\rho}\widetilde{u_i''u_j''} = \overline{\rho}\cdot\begin{pmatrix} \widetilde{u_i''^2} & \widetilde{u_i''u_j''} & \widetilde{u_i''u_k''} \\ \widetilde{u_j''u_i''} & \widetilde{u_j''^2} & \widetilde{u_j''u_k''} \\ \widetilde{u_k''u_i''} & \widetilde{u_k''u_j''} & \widetilde{u_k''^2} \end{pmatrix} \tag{2.17}$$

Die Elemente der Hauptdiagonalen können dabei als turbulente Normalspannungen, die restlichen Elemente als turbulente Tangentialspannungen aufgefasst werden. Die letzteren charakterisieren die Anisotropie der Strömung. Der Spannungstensor ist stets symmetrisch. Für die Elemente des Reynolds'schen Spannungstensors lassen sich Transportgleichungen herleiten, welche ihrerseits jedoch nicht in geschlossener Form vorliegen. Man spricht in diesem Zusammenhang auch von dem Schließungsproblem der Turbulenz.

In **Reynolds-Spannungsmodellen** wird zur Lösung des Schließungsproblems dem Gleichungssystem eine weitere zusätzliche Transportgleichung für die Dissipationsrate ε der turbulenten kinetischen Energie k hinzugefügt, sowie weitere Modellannahmen für dabei auftretende Korrelationen dritter Ordnung getroffen. Durch die enge Kopplung der Gleichungen untereinander wird das Lösen des Gleichungssystems jedoch sehr komplex und rechenzeitintensiv, weshalb Wirbelviskositätsmodelle immer noch weit verbreitet sind.

Grundlage der Wirbelviskositätsmodelle stellt die bereits 1877 angefertigte Arbeit von Boussinesq (1877) dar. Analog zum Newton'schen Ansatz des viskosen Spannungstensors im Falle laminarer Strömungen, beruht der als Boussinesq-Hypothese bekannte Ansatz auf der Annahme einer Proportionalität zwischen den Reynolds'schen Spannungen und dem Gradienten der mittleren Geschwindigkeit:

$$-\overline{\rho}\widetilde{u_i''u_j''} = \mu_t\left(\frac{\partial\widetilde{u}_i}{\partial x_j} - \frac{\partial\widetilde{u}_j}{\partial x_i}\right) - \frac{2}{3}\overline{\rho}\widetilde{k}\delta_{ij} \tag{2.18}$$

Die von Boussinesq definierte Wirbelviskosität μ_t ist im Gegensatz zur laminaren dynamischen Viskosität μ keine Stoffgröße, sondern eine von den lokalen Bedingungen abhängige Strömungsgröße und beruht auf der Annahme isotroper Turbulenz. Das Schließungsproblem der Turbulenzmodellierung wird somit auf die Bestimmung der Wirbelviskosität verschoben. k ist die kinetische Energie der turbulenten Schwankung. Zur Beschreibung der Wirbelviskosität lassen sich die Ansätze nach der Anzahl der zu lösenden zusätzlichen Transportgleichungen klassifizieren.

Null-Gleichungs-Modelle beruhen auf der Prandtl'schen Mischungsweg-Hypothese (vgl. Prandtl (1925)), welche die Wirbelviskosität als algebraische Funktion der Gradienten der Geschwindigkeit und einer charakteristischen Mischungsweglänge l_t beschreibt. l_t entspricht dabei der Strecke, die ein Turbulenzballen zurücklegen muss um seine Identität vollständig zu verlieren. Die Mischungsweglänge ist eine empirische Größe und muss problemspezifisch angepasst werden.

$$\mu_t - \overline{\rho}\cdot l_t^2\cdot\left|\frac{\partial\widetilde{u}}{\partial x}\right| \tag{2.19}$$

Mischungswegmodelle eignen sich zur Beschreibung turbulenter dünner Grenzschichten (Tragflügelumströmung, freie Scherschichten), sind aufgrund der Vernachlässigung des konvektiven und diffusiven Transports turbulenter Größen jedoch nicht zur Beschreibung komplexerer Probleme geeignet.

Ein-Gleichungs-Modelle berücksichtigen eine zusätzliche Bilanzgleichung zur Beschreibung des Transports der kinetischen Energie k. Zur Bestimmung der Wirbelviskosität findet jedoch wie bei den Null-Gleichungs-Modellen eine empirisch zu bestimmende Mischungsweglänge Verwendung. Kann diese nicht problemspezifisch explizit vorgegeben werden, so sind weitere Transportgleichungen zur Ermittlung des turbulenten Längenmaßes notwendig.

Zwei-Gleichungs-Modelle haben sich in der Praxis etabliert. Das am weitesten verbreitete dieser Modelle ist das von Jones und Launder (1972) entwickelte k-ε Modell, das im Wesentlichen auf der Annahme basiert, dass sich die Produktion der turbulenten Wirbel und deren Dissipation im Gleichgewicht befinden. Demnach ergibt sich die Wirbelviskosität als:

$$\mu_t = \overline{\rho} \cdot C_\mu \cdot \frac{\widetilde{k}^2}{\widetilde{\varepsilon}} \tag{2.20}$$

Neben der Transportgleichung für die turbulente kinetische Energie k wird zusätzlich eine Transportgleichung für die Dissipationsrate der turbulenten kinetischen Energie ε gelöst. Die Favre-gemittelten Transportgleichungen lauten:

$$\frac{\partial \overline{\rho}\widetilde{k}}{\partial t} + \nabla \cdot \left(\overline{\rho}\widetilde{\vec{u}}\widetilde{k}\right) = \nabla \cdot \left(\left(\mu + \frac{\mu_t}{\sigma_k}\right) \nabla \widetilde{k}\right) - \overline{\rho}\widetilde{\vec{u}''\vec{u}''} : \nabla \cdot \widetilde{\vec{u}} - \overline{\rho}\widetilde{\varepsilon} \tag{2.21}$$

$$\frac{\partial \overline{\rho}\widetilde{\varepsilon}}{\partial t} + \nabla \cdot \left(\overline{\rho}\widetilde{\vec{u}}\widetilde{\varepsilon}\right) = \nabla \cdot \left(\left(\mu + \frac{\mu_t}{\sigma_\varepsilon}\right) \nabla \widetilde{\varepsilon}\right) - \frac{\widetilde{\varepsilon}}{\widetilde{k}} C_{\varepsilon 1} \overline{\rho}\widetilde{\vec{u}''\vec{u}''} : \nabla \cdot \widetilde{\vec{u}} - C_{\varepsilon 2}\overline{\rho}\frac{\widetilde{\varepsilon}^2}{\widetilde{k}} \tag{2.22}$$

Die Werte der empirischen Modellkonstanten sind mit

$$C_\mu = 0,09 \quad C_{\varepsilon 1} = 1,44 \quad C_{\varepsilon 1} = 1,92 \quad \sigma_k = 1,0 \quad \sigma_\varepsilon = 1,3$$

für das Standard k-ε Modell gegeben.

2.3 Verbrennungsmodelle

Zur Bestimmung der Wärmefreisetzung in Verbrennungsprozessen müssen die chemischen Reaktionen zwischen Brennstoff und Verbrennungsluft bei den lokalen Mischungsbedingungen ermittelt werden. Der bei der Verwendung detaillierter Reaktionsmechanismen entstehende Rechenaufwand ist für die Betrachtung technischer Verbrennungsprozesse verhältnismäßig groß, weshalb bislang vereinfachte Verbrennungsmodelle bzw. reduzierte Reaktionsmechanismen verwendet werden. Die Zusammensetzung der Verbrennungsgase ergibt sich je nach verwendetem Modellierungsansatz durch das Lösen zusätzlicher Transportgleichungen der Einzelspezies unter Berücksichtigung einer modellspezifischen Umsatzrate oder wird mittels zusätzlicher Transportgleichungen, welche den Mischungszustand und den Fortschritt der chemischen Reaktion beschreiben, aus geeigneten Tabellen ausgelesen. In jedem Fall wird der Verbrennungsprozess entscheidend durch die Turbulenz der betrachteten Strömung bestimmt. Eine umfassende Übersicht zur Modellierung von Verbrennungsprozessen geben z.B. Poinsot und Veynante (2001)

Eine Entkopplung der chemischen Reaktion und der makroskopischen Mischung der Strömung lässt sich hinsichtlich der benötigten Zeitskalen durchführen. Unter der Annahme unendlich schneller Chemie ist die Mischung der Strömung der am langsamsten ablaufende Prozess. Ein Maß für die Geschwindigkeit mit welcher die Reaktion abläuft stellt die Damköhler-Zahl

$$Da_t = \frac{t_t}{t_c}$$

dar, die sich aus dem Verhältnis zwischen den makroskopischen Zeitskalen der Strömung t_t und der Zeitskala der chemischen Reaktion t_c berechnet. Für hohe Damköhler-Zahlen kann von einem lokalen Gleichgewicht der chemischen Reaktion ausgegangen werden. Weit verbreitete Modelle die diesen Ansatz zugrunde legen sind Eddy-Dissipation Modelle, Flamelet Modelle und statistische Modelle. Die Wahl des Verbrennungsmodells wird zudem durch den Mischungszustand der Reaktanden vor dem Verbrennungsprozess beeinflusst. Im Gegensatz zu vorgemischten Flammen finden bei Diffusionsflammen Reaktion und Mischung gleichzeitig statt. Werden flüssige Brennstoffe verwendet, so muss zusätzlich die Spraybildung und die Verdampfung der Brennstofftröpfchen mit den verwendeten Modellen beschrieben werden. Im Rahmen dieser Arbeit wurden lediglich Diffusionsflammen modelliert. Als Brennstoff wurde jeweils Propan verwendet. Als Verbrennungsmodelle wurden sowohl ein Eddy-Dissipation Modell, als auch ein Flamelet-Modell verwendet. Diese werden im Folgenden kurz dargestellt. Ausführliche Zusammenstellungen von Verbrennungsmodellen sowie deren Herleitung finden sich beispielsweise in Williams (1988) oder Turns (2000).

Bei **Eddy-Dissipation Modellen** wird davon ausgegangen, dass die chemische Reaktion bei sehr viel kleineren Zeitskalen abläuft als die turbulente Vermischung der Reaktanden. Diese Tatsache führt zu der Modellannahme, dass die Reaktion abgeschlossen ist, sobald Brennstoff und Oxidator vermischt sind ("gemischt = verbrannt"). Die Reaktionsrate wird proportional zu der Frequenz des Wirbelzerfalls der kleinskaligen turbulenten Wirbel gesetzt. Diese ergibt sich unter Verwendung des k-ε Modells aus dem Verhältnis der Dissipationsrate der turbulenten kinetischen Energie zur kinetischen Energie

$$\dot{\omega}_i \propto \frac{\varepsilon}{k} \tag{2.23}$$

Sind sowohl Oxidationsmittel als auch Brennstoff in ausreichender Menge vorhanden, kann die Verbrennung stattfinden. Die Berücksichtigung von Verbrennungszwischenprodukten ist nur bedingt möglich.

Flamelet Modellen liegt die Annahme zugrunde, dass die Verbrennung in dünnen Zonen stattfindet, die durch Strukturen, die als Flamelets bezeichnet werden, charakterisiert werden (vgl. Peters (2000)). Eine turbulente Flamme kann dem Ansatz nach aus einer Vielzahl laminarer Flamelets in einer turbulenten Strömung beschrieben werden. Die chemische Umsetzung in Flammen lässt sich für die einzelnen laminaren Flamelets ermitteln. Bei der Verwendung eines Flamelet-Ansatzes müssen zwei zusätzliche Transportgleichungen für den Mischungsbruch und dessen Varianz gelöst werden. Dies bedeutet zunächst einen höheren Rechenaufwand im Vergleich zu Wirbelzerfallsmodellen. Unter Kenntnis der laminaren Kinetik können jedoch beliebig viele Spezies berücksichtigt werden, ohne dass die für die Reaktionskinetik notwendigen Zeit- und Längenskalen numerisch aufgelöst werden müssen. Während der Berechnung einer technischen Flamme wird auf die tabellierten Daten aus Berechnungen laminarer Modellflammen zugegriffen. Im Falle turbulenter Strömungen werden hierzu vordefinierte Verteilungsfunktionen (PDF) verwendet.

Zur Ermittlung des Mischungsbruchs Z werden die Elementmassenbrüche Z_j aus der Summe der Speziesmassenbrüche Y_i

$$Z_j = \sum_{i=1}^{N} a_{ji} \frac{W_j}{W_i} Y_i \tag{2.24}$$

bestimmt. Weiter werden zur Berechnung des Elementmassenbruchs der Spezies j die Anzahl a_{ji} der Atome des Elementes j in der Spezies i sowie die Molmassen W_j und W_i des Elementes j bzw. der Spezies i benötigt. Bezogen auf den Brennstoffeinlass Br_{ein}

bzw. Oxidatoreinlass Ox_{ein} kann der lokale Mischungsbruch in einem Verbrennungssystem

$$Z = \frac{Z_{Br}}{Z_{Br,Br_{ein}}} = 1 - \frac{Z_{Ox}}{Z_{Ox,Ox_{ein}}} \tag{2.25}$$

sowohl aus dem Elementmassenbruch des Brennstoffes Z_{Br} als auch des Oxidationsmittels Z_{Ox} bestimmt werden.

Die während der Modellierung für den Mischungsbruch Z zu lösende Transportgleichung lautet:

$$\frac{\partial\left(\bar{\rho}\tilde{Z}\right)}{\partial t} + \nabla\cdot\left(\bar{\rho}\vec{u}\tilde{Z}\right) = \nabla\cdot\left(\left(\bar{\mu} + \frac{\mu_t}{\sigma_Z}\right)\nabla\tilde{Z}\right) \tag{2.26}$$

Die Varianz des Mischungsbruchs $\tilde{Z}''$ wird durch

$$\frac{\partial\left(\bar{\rho}\tilde{Z}''^2\right)}{\partial t} + \nabla\cdot\left(\bar{\rho}\bar{\vec{u}}\tilde{Z}''^2\right) = \nabla\cdot\left(\left(\bar{\mu} + \frac{\mu_t}{\sigma_{Z''^2}}\right)\nabla\tilde{Z}''^2\right) + 2\frac{\mu_t}{\sigma_z}\left(\nabla Z\right)^2 - \bar{\rho}\tilde{\chi} \tag{2.27}$$

beschrieben. Die beiden Quellterme auf der rechten Seite beschreiben die Produktion bzw. die Dissipation der Varianz des Mischungsbruchs. Die Ermittlung der Dissipationsrate χ wird im verwendeten Ansatz mittels

$$\tilde{\chi} = C_\chi\frac{\tilde{\varepsilon}}{\tilde{k}}\tilde{Z}''^2 \tag{2.28}$$

durchgeführt. Die Dissipationsrate hat die Einheit s^{-1} und kann als der Kehrwert einer charakteristischen Diffusionszeit angesehen werden. Sie beschreibt den Einfluss der Konvektion und Diffusion senkrecht zur Flammenoberfläche. Die verwendeten Modellkonstanten sind

$$\sigma_Z = 0,9 \quad \sigma_{Z''^2} = 0,9 \quad C_\chi = 2,0$$

Die Spezieskonzentrationen ergeben sich dann in Abhängigkeit des Mischungsbruchs, dessen Varianz und der Dissipationsrate mittels der bereits angesprochenen Verteilungsfunktionen:

$$\tilde{Y}_i = \tilde{Y}_i\left(\tilde{Z}, \tilde{Z}''^2, \tilde{\chi}_{st}\right) = \int_0^1 Y\left(Z, \tilde{\chi}_{st}\right)\cdot P_{Z,\tilde{Z}''^2}(Z) \quad dZ$$

$\tilde{\chi}_{st}$ ist die Dissipationsrate für die stöchiometrische Mischung. Die Integration der Verteilungsfunktionen wird in einem Pre-Processing Schritt vor den Strömungsberechnungen durchgeführt. Während der Strömungsberechnung werden die benötigten Daten dann aus sog. Flamelet Bibliotheken ausgelesen.

2.4 Rückkopplung zwischen Verbrennung und Strahlungsaustausch

Die von einem Kontrollelement abgegebene Strahlungswärme wird neben der vorherrschenden Temperatur entscheidend von den Konzentrationen der strahlungsaktiven Spezies und dem Gesamtdruck des Systems bestimmt. Aus der Temperatur, den Konzentrationen und dem Druck lassen sich die optischen Eigenschaften der Verbrennungsgase ermitteln, die das Emissions- bzw. Absorptionsverhalten bestimmen. Mit dem bereits dargestellten Formalismus lassen sich diese, zur Ermittlung der Strahlungsintensität notwendigen Einflussgrößen, bestimmen. Zur Berechnung des Strahlungswärmeaustauschs müssen des Weiteren die geometrischen Abmessungen des Brennraums bekannt sein. Zudem spielt die Beschaffenheit der Brennkammerwände eine entscheidende Rolle bei der Ermittlung der Wärmebelastung der Wände.

Der Strahlungswärmeaustausch eines Rechenelementes mit seiner Umgebung ergibt sich aus der Bilanzierung aller von diesem Element selbst emittierten und von anderen Elementen her absorbierten und einfallenden Strahlungsflüssen. Durch die Berechnung des Strahlungsaustauschs ergeben sich die Strahlungsquellterme im Brennraum, sowie die zu berücksichtigenden Wandwärmeströme. Sowohl volumen- als auch flächenbezogene Anteile können als Strahlungsquelle oder als Strahlungssenke wirken und einem Kontrollelement entweder Energie zuführen oder abführen. Durch die Berücksichtigung der Quelleterme in der Energieerhaltungsgleichung findet somit eine direkte Kopplung zwischen Strahlungsaustausch und Energiebilanzierung statt. Die lokal zu- oder abgeführte Strahlungswärme hat eine direkte Änderung der lokalen Temperaturen zur Folge. Dadurch kann es lokal zur Änderung von Stoffeigenschaften kommen, was eine Beeinflussung des Strömungsfeldes mit sich führt. Eine Veränderung des Strömungsfeldes hat wiederum eine neue Turbulenz- und Mischungsverteilung zur Folge. Es wird somit indirekt ebenfalls Einfluss auf die Reaktionsraten ausgeübt. Über diese Einflussnahme findet wiederum eine Rückkopplung des Strahlungsaustauschs mit den übrigen physikalischen Prozessen statt. Diese Kopplung hat zur Folge, dass sich das Gesamtsystem nur iterativ lösen lässt. Sowohl die direkten thermodynamischen Einflussgrößen als auch global zu berücksichtigende Faktoren, sowie die Integration des Strahlungswärmeaustauschs in das Gesamtsystem sind schematisch in Abb. 2.1 dargestellt.

Im Gegensatz zu den Zeitskalen in denen die Mischungs- und Verbrennungsprozesse stattfinden kann davon ausgegangen werden, dass der Strahlungswärmeaustausch mit Lichtgeschwindigkeit stattfindet. Dies macht den physikalischen Prozess unendlich schnell im Vergleich zu den restlichen. Eine detaillierte Berechnung des Strahlungsaustausches ist im Allgemeinen jedoch sehr viel aufwändiger und rechenzeitintensiver als die Berechnung des Strömungs- und Verbrennungszustandes und wird daher häufig nur mit stark vereinfachten Modellen berücksichtigt (siehe z.B. Lefebvre (1999)). Müssen komplexe Geometrien des Verbrennungsraumes berücksichtigt werden, können solch einfache Ansätze oft nicht verwendet werden. Zudem kann mit stark vereinfachten Ansätzen meist nur eine qualitative Aussage über die zu erwartenden Strahlungsquellterme getroffen werden. Für eine exakte Erfassung ist die Verwendung eines detaillierten Verfahrens zur Berechnung des Strahlungsaustauschs unumgänglich.

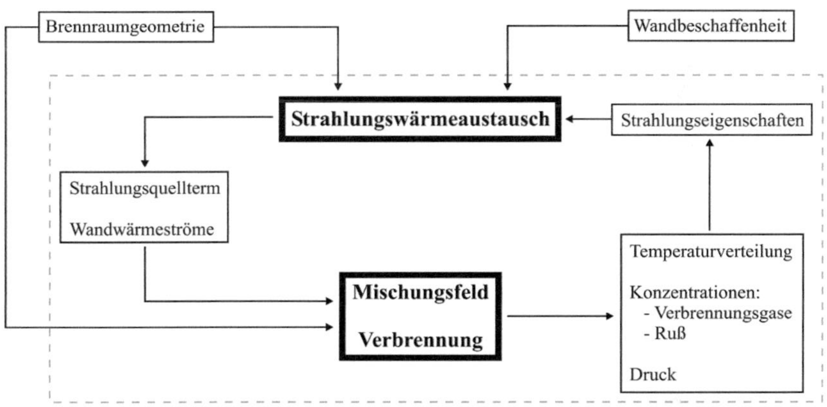

Abbildung 2.1: Rückkopplung zwischen Strahlungswärmeaustausch und Verbrennung

Insbesondere bei der Berechnung stark rußender, leuchtender Flammen ist die exakte Berücksichtigung des Strahlungswärmeaustauschs enorm wichtig. Durch die von den Rauchgasen und dem Flammenruß abgestrahlte Wärme kann in den berechneten Flammen eine signifikante Verringerung der Flammentemperaturen beobachtet werden. Zudem wird die Flammengeometrie stark beeinflusst. Handelt es sich um eingeschlossen brennende Flammen, wie z.B. in Brennkammern von Fluggasturbinen, müssen zur Bestimmung der Wandwärmeströme geeignete Lösungsverfahren verwendet werden, die der Strahlungsausbreitung im Raum Rechnung tragen. Des Weitern ist zur korrekten Vorhersage von Schadstoffkonzentrationen eine genaue Berechnung der vorherrschenden Temperaturen notwendig. Für den Fall der Stickoxidberechnung beispielsweise ist bekannt, dass die zugrunde liegenden Bildungsmechanismen sehr empfindlich auf Temperaturänderungen um bereits 100 K (vgl. Habisreuther (2003)) reagieren.

3 Wärmestrahlung

Elektromagnetische Strahlung lässt sich sowohl durch die Vorstellung der Emission und Absorption elektromagnetischer Wellen, als auch mit dem Austausch von Photonen beschreiben. Zur Typisierung der Strahlung (Wärme, Licht, infrarot, ultraviolett usw.) wird ausgehend von den sich mit der Frequenz f ändernden Eigenschaften der Strahlung das elektromagnetische Spektrum in die in Abb. 3.1 dargestellten Wellenlängenbereiche unterteilt. Strahlung im Wellenlängenbereich von 0,1 - 100 μm wird üblicher Weise als Wärmestrahlung bezeichnet.

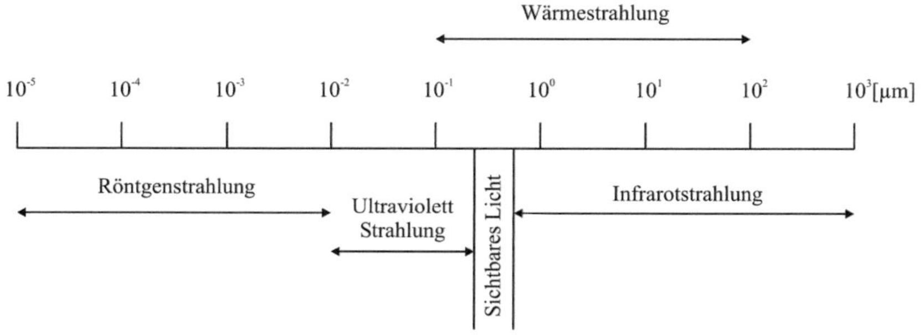

Abbildung 3.1: Elektromagnetisches Spektrum

Die Ausbreitung elektromagnetischer Wellen ist nicht an ein Trägermedium gebunden und die Ausbreitungsgeschwindigkeit der Wellen $c = \lambda \cdot f$ entspricht frequenzunabhängig im Vakuum der Lichtgeschwindigkeit c_0. In anderen Medien verringert sich die Ausbreitungsgeschwindigkeit entsprechend dem Brechungsindex $n = c_0/c$. Im Wellenlängenbereich der Wärmestrahlung kann von einem Brechungsindex von $n \approx 1$ ausgegangen werden (siehe Modest (2003)). Im Folgenden wird der Brechungsindex in den relevanten Gleichungen daher lediglich formal angegeben.

Im Gegensatz zur Wärmeübertragung durch Konvektion und Wärmeleitung ist die Wärmeübertragung durch Strahlung nicht an ein Übertragungsmedium gebunden. Die Übertragungsmechanismen unterscheiden sich somit grundlegend voneinander. Zudem hat diese Eigenschaft zur Folge, dass Strahlungsenergie im Vakuum (einem nicht absorbierenden oder streuenden Medium) über sehr weite Entfernungen transportiert werden kann. Die Energie des Sonnenlichtes kann an dieser Stelle als allgegenwärtiges Beispiel angeführt werden. In optisch dichten Medien verkürzt sich der Übertragungsweg aufgrund von Absorptions- und Streuungsvorgängen. Neben der Eigenschaft, nicht an ein Übertragungsmedium gebunden zu sein, unterscheidet sich die Wärmeübertragung durch Strahlung noch weiter von den beiden übrigen Wärmeübertragungsmechanismen. Im Vergleich zur Wärmeübertragung durch Wärmeleitung und Konvektion für welche die Wärmeströme jeweils proportional zur Temperatur sind, ist der durch Strahlung übertragene Wärmestrom proportional zu einer Differenz von Temperaturen vierter Potenz.

$$q \propto \Delta T^4 \tag{3.1}$$

Deswegen gewinnt mit steigender Temperatur die Wärmeübertragung durch Strahlung immer mehr an Bedeutung und wird bei Hochtemperaturprozessen zum dominanten Wärmeübertragungsmechanismus.

Zur Ermittlung der auftretenden Wärmeströme müssen sowohl bei Wärmeleitung und Konvektion als auch bei der Wärmeübertragung durch Strahlung unterschiedliche Stoffeigenschaften bekannt sein. Dies sind die Wärmeleitfähigkeit und der Wärmeübergangskoeffizient bei Konduktion und Konvektion bzw. das Emissions-, Absorptions- und Reflexionsverhältnis sowie Absorptions- und Streukoeffizient bei Oberflächen- und Gasstrahlung. Ein grundlegender Unterschied zwischen den Stoffgrößen ist der, dass die zur Bestimmung des Strahlungstransports benötigten Stoffgrößen sowohl richtungs- als auch wellenlängenabhängig betrachtet werden müssen. Des Weiteren muss die Strahlungstransportgleichung, die als transportierte Größe die Strahlungsintensität berücksichtigt, gelöst werden. Im Gegensatz zur Temperatur ist die Strahlungsintensität jedoch nicht nur eine Funktion des Ortes, sondern ebenfalls richtungsabhängig. Nachdem die Verteilung der Strahlungsintensität bestimmt wurde, können die Wärmeflüsse und die Temperaturverteilung bestimmt werden. Aufgrund dieser Randbedingungen gestaltet sich die Bestimmung der durch Strahlung übertragenen Wärme im Vergleich zu den beiden anderen Übertragungsmechanismen aufwändiger.

Entsprechend ihrer Freiheitsgrade setzen Moleküle innere Energie im Wellenlängenbereich der Wärmestrahlung frei. Die so emittierte Strahlung kann durch Absorption wieder in innere Energie rückgewandelt werden. Befinden sich Medien unterschiedlicher Temperaturen miteinander im Strahlungsaustausch, so stellt sich zwischen ihnen ein Nettostrahlungsfluss ein. Die Richtung des Strahlungsflusses entspricht dabei der Richtung des Temperaturgefälles. Einfluss auf die Emission und Absorption von Wärmestrahlung haben sowohl die physikalischen Beschaffenheit (Aggregatzustand, Gefügeaufbau, Kristallstruktur) der Medien, als auch deren Temperatur. Zudem ist es bei gasförmigen Medien entscheidend, bei welchem Gesamtdruck die Gaskomponenten vorliegen. Durch die Tatsache, dass Strahlung sich frei im Raum über einen großen Wellenlängenbereich ausbreiten kann, muss bei der Beschreibung der Materialeigenschaften sowohl zwischen richtungsabhängigen Eigenschaften als auch integralen (für das gesamte betrachtete Spektrum gültigen) und spektralen Eigenschaften unterschieden werden. Gerichtete Größen werden in dieser Arbeit mit s, spektrale Größen, je nach Bezugsgröße, mit ω (wellenzahlspezifisch) bzw. λ (wellenlängenspezifisch) indiziert.

3.1 Gesetzmäßigkeiten und Definitionen

Zur Beschreibung der auf eine Oberfläche auftreffende Strahlungsenergie wird um eine Punktquelle eine Einheitskugel aufgespannt. Ausgehend von der Punktquelle trifft Strahlungsenergie auf die Oberfläche der Einheitskugel auf. Die in dieser Betrachtungsweise auftreffende spektrale Strahlungsintensität i_λ entspricht der spektralen Strahlungsleistung bezogen auf die Projektionsfläche, die Wellenlänge und den Raumwinkel (siehe Abb. 3.2).

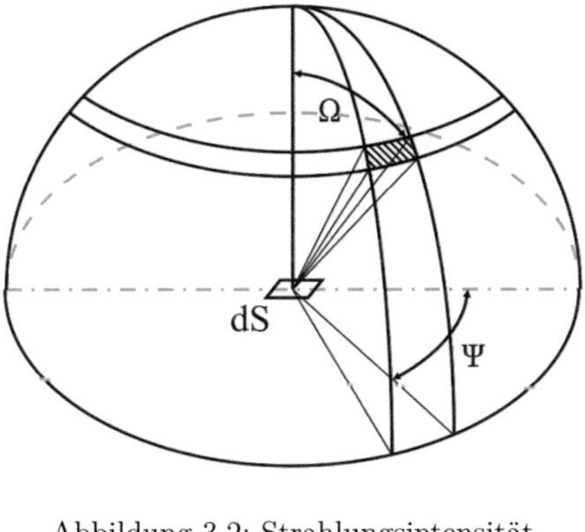

Abbildung 3.2: Strahlungsintensität

Betrachtet man die unter einem gegebenen Winkel Ω von einem Flächenelement dS

abgestrahlte spektrale Strahlungsleistung E_λ, so wird diese als gerichtete spektrale Strahlungsflussdichte e'_λ bezeichnet.

$$e'_\lambda = \frac{d\ E_\lambda}{dS} \tag{3.2}$$

Das Lambert'sche Kosinusgesetz

$$e'_\lambda(\Omega) = e'_\lambda(0) cos\Omega \tag{3.3}$$

beschreibt die Änderung der Strahlungsflussdichte im Halbraum. $e'_\lambda(0)$ ist die in Richtung der Flächennormale abgegebene Strahlungsflussdichte. Für von $\Omega = 0$ verschiedene Raumrichtungen nimmt die Strahlungsflussdichte mit dem Kosinus des Polarwinkels ab.

Die maximale Strahlungsleistung ist die Strahlungsleistung des schwarzen Körpers. Hinsichtlich seiner Strahlungseigenschaften weist der schwarze Körper ein ideales Verhalten auf. Der Körper nimmt zum einen die auf ihn auftreffende Strahlungsenergie vollständig auf und wandelt sie vollständig in innere Energie um. Zum anderen ist die Emission des schwarzen Körpers bezogen auf den energetischen Zustand maximal und lediglich von der Temperatur abhängig. Der schwarze Körper stellt somit idealisierte Emissions- bzw. Absorptionsbezugsgrößen zur Definition von Realkörperfaktoren zur Verfügung. Die spektrale Strahlungsintensität des schwarzen Körpers wird nach dem Planck'schen Gesetz (vgl. Planck (1901))

$$I_{b,\lambda} = \frac{1}{\pi} \cdot \frac{C_1}{n^2 \lambda^5 \cdot \left(exp\left[\frac{C_2}{\lambda T}\right] - 1 \right)} \tag{3.4}$$

mit den Strahlungskonstanten

$$C_1 = 2\pi h c_0^2 = 3,7417749 \cdot 10^{-16}\ [Wm^2] \quad \text{und} \quad C_2 = \frac{hc_0}{k_B} = 1,438769 \cdot 10^{-2}\ [mK]$$

beschrieben, die sich aus dem Planck'schen Wirkungsquantum $h = 6,62607 \cdot 10^{-34} Js$, der Lichtgeschwindigkeit $c_0 = 2,99792458 \cdot 10^8 m/s$ und der Boltzmann Konstante $k_B = 1,3806505 \cdot 10^{-23} J/K$ errechnen. Die sich somit ergebende spektrale Verteilung der Strahlungsintensität des schwarzen Körpers ist in Abb. 3.3 für unterschiedliche Temperaturen dargestellt.

Deutlich zu erkennen ist, dass sich das Maximum der Strahlungsintensität mit steigender Temperatur zu kleineren Wellenlängen hin verschiebt. Die Lage des Maximums wird mit dem Wien'schen Verschiebungsgesetzt

$$\lambda_{max} = \frac{2897,79}{n \cdot T} \tag{3.5}$$

bestimmt.

Die insgesamt von einem schwarzen Körper emittierte Strahlungsleistungsdichte e_s ergibt sich durch Integration der spektralen Planck'schen Verteilungsfunktion (Gl. 3.4) über das gesamte Wellenlängenspektrum.

$$e_s = \int_0^\infty I_{b,\lambda} d\lambda = n^2 \sigma T^4 \tag{3.6}$$

$$\sigma = \frac{\pi^4 C_1}{15 C_2} = 5,6696 \cdot 10^{-8} \left[\frac{W}{m^2 K}\right]$$

Dieser formale Zusammenhang ist als Stefan-Boltzmann-Gesetz bekannt und hat im Wesentlichen die Aussage, dass die Strahlungsleistungsdichte mit der vierten Potenz der Absoluttemperatur ansteigt. σ ist die Stefan-Boltzmann-Konstante.

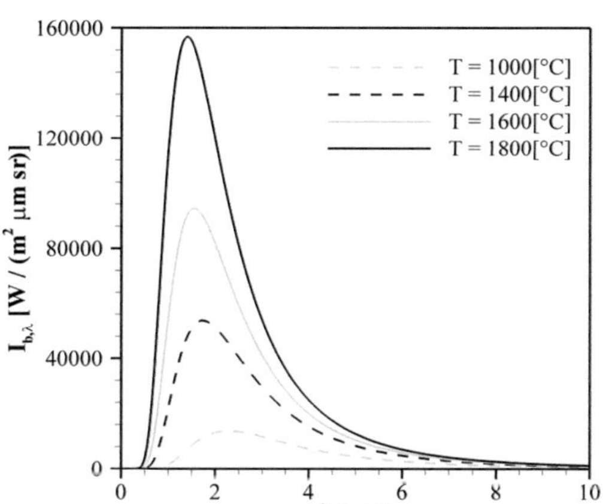

Abbildung 3.3: Spektrale Verteilung der Strahlungsintensität des schwarzen Körpers

Zur Beschreibung der Strahlungseigenschaften realer Materialien können wie bereits erwähnt die Eigenschaften des schwarzen Strahlers als Bezugsgrößen verwendet werden, da sie die maximal möglichen Grenzen hinsichtlich Emission und Absorption eindeutig beschreiben und das Planck'sche Gesetz einen kontinuierlichen Verlauf im Spektrum beschreibt. Setzt man die von einem realen Körper emittierte spektrale Strahlungsintensität $I_\lambda < I_{b,\lambda}$ mit der des schwarzen Körpers ins Verhältnis so ergibt sich das spektrale Emissionsverhältnis ε_λ. Analog ergibt sich das Emissionsverhältnis aus dem Verhältnis der jeweiligen Strahlungsleistungen $E_\lambda < E_{b,\lambda}$.

$$\varepsilon_\lambda = \frac{I_\lambda}{I_{b,\lambda}} = \frac{E_\lambda}{E_{b,\lambda}} \tag{3.7}$$

Für den schwarzen Körper gilt somit $\varepsilon_{b,\lambda} = 1$. Analog zu Gleichung 3.7 lässt sich das Emissionsverhältnis auch für die integrierten Strahlungsleistungsdichten bestimmen. Besitzt ein Körper ein für alle Wellenlängen konstantes Emissionsverhältnis $0 < \varepsilon < 1$, so bezeichnet man diesen als grauen Strahler.

Betrachtet man weiter das Verhalten eines realen Körpers hinsichtlich der auf ihn auftreffenden Strahlungsenergie so wird im Gegensatz zum schwarzen Körper nur ein bestimmter Anteil der auftreffenden Energie absorbiert und in innere Energie umgewandelt. Dieser Anteil wird mit dem Absorptionsverhältnis α beschrieben. Je nach Beschaffenheit des Körpers wird der restliche Anteil der Strahlung transmittiert oder reflektiert. Die jeweiligen Anteile werden mit dem Transmissionsverhältnis τ_λ und dem Refektionsverhältnis ρ_λ beschrieben.

$$\alpha_\lambda = \frac{I_{\lambda,abs}}{I_{\lambda,ein}} \qquad \tau_\lambda = \frac{I_{\lambda,trans}}{I_{\lambda,ein}} \qquad \rho_\lambda = \frac{I_{\lambda,ref}}{I_{\lambda,ein}} \tag{3.8}$$

Durch Bilanzierung aller einfallenden und austretenden Strahlungsflüsse (vgl. Abb. 3.4) ergibt sich die Summe aus Absorptions-, Transmissions- und Refektionsverhältnis zu eins.

$$\alpha_\lambda + \tau_\lambda + \rho_\lambda = 1 \tag{3.9}$$

Ist das sich im Strahlungsaustausch befindende System geschlossen und befindet es sich zudem im thermodynamischen Gleichgewicht, so kann nach dem zweiten Hauptsatz der Thermodynamik kein Nettostrahlungsfluss existieren. Dies hat unmittelbar zur Folge, dass die von einem Körper emittierte spektrale Strahlungsflussdichte bzw. Strahlungsintensität dem Betrag nach gleich der absorbierten ist. Demnach sind gemäß dem Kirchhoff'schen Gesetz das Emissionsverhältnis und das Absorptionsverhältnis jedes

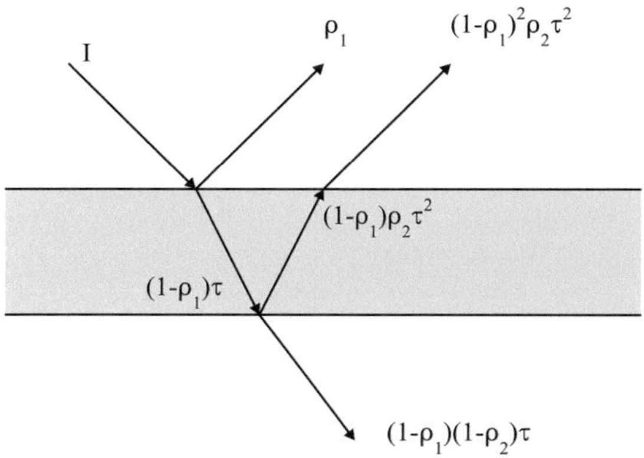

Abbildung 3.4: Zur Bilanzierung der einfallenden, transmittierten und absorbierten Strahlungsflüsse

beliebigen realen Körpers bei gegebener Temperatur und bezogen auf gleiche Wellenlänge untereinander gleich.

$$\varepsilon_\lambda = \alpha_\lambda \tag{3.10}$$

Sind die im Strahlungsaustausch befindlichen Medien für die auf sie auftreffende Strahlung vollkommen undurchlässig, so kann die Strahlungswechselwirkung mit den bereits genannten Gesetzmäßigkeiten vollständig beschrieben werden. Sind die Körper opak, so muss zusätzlich die Abschwächung der einfallenden Strahlungsenergie im Innern der Medien erfasst werden. In diesem Zusammenhang wird die Abschwächung der Strahlungsenergie auch als Extinktion bezeichnet. Diese berücksichtigt nicht nur die Abnahme der gerichteten spektralen Strahlungsenergie durch Absorption, sondern auch zusätzlich die Abnahme durch Streuung der einfallenden Strahlungsenergie aus der Einfallsrichtung hinweg (Wegstreuung).

Im Gegensatz zu der in innere Energie gewandelten Strahlungsenergie im Fall der Absorption führt Streuung zu einer Zunahme der Strahlungsenergie in von der Einfallsrichtung unterschiedliche Raumwinkel (Einstreuung). Als Streuwinkel Θ wird dabei der Winkel bezeichnet, um den die gestreute Strahlungsenergie abgelenkt wird. Streuprozesse, bei denen es nur zu einer kleinen Ablenkung kommt, werden als Vorwärtsstreuung, solche mit einem Streuwinkel größer 90° als Rückwärtsstreuung bezeichnet. Je nach Beschaffenheit der betrachteten Oberfläche kann der Streuwinkel unterschiedlich stark von der Einfallsrichtung abhängen. Diese Abhängigkeit wird mit der Phasenfunktion

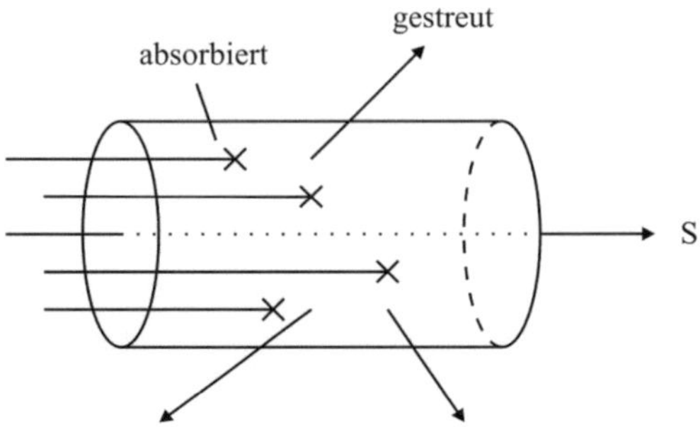

Abbildung 3.5: Abschwächung der Strahlungsintenstität durch Absorption und Streuung.

beschrieben. Die Beschreibung der Extinktion der einfallenden Strahlung pro zurückgelegter Wegstrecke in einem Medium erfolgt über die Bestimmung von Absorptions- und Streukoeffizienten, die sich für ein Stoffgemisch (z.B. aus Gasen, Partikeln und kristallinen Strukturen) additiv in einem Extinktionskoeffizienten zusammen fassen lassen.

$$\beta = \kappa + \sigma \tag{3.11}$$

Die von einem strahlungsaktiven Medium abgegebene gerichtete Strahlungsenergie setzt sich des Weiteren aus dem in die entsprechende Richtung emittierten Anteil und einem in Emissionsrichtung gestreuten Anteil der einfallenden Strahlungsenergie zusammen.

3.2 Strahlungstransport

Zur Berechnung des Strahlungstransports muss zunächst eine Strahlungsgröße gefunden werden, die sowohl die Oberflächenemission und -absorption als auch die volumetrische Emission, Absorption und Streuung geeignet beschreibt. Hierzu wird im Allgemeinen die Strahlungsintensität verwendet, welche als die pro Fläche, Wellenlänge und Raumwinkel übertragenen Strahlungsenergie definiert ist. Betrachtet man die Strahlungsintensität entlang eines Weges im Vakuum, so ist festzustellen, dass sich die Strahlungsintensität entlang des zurückgelegten Weges in einer gegebenen Richtung nicht ändert. Dies hat zur Folge, dass die Änderung der gerichteten Intensität in einem strahlungsaktiven Medium eindeutig der Absorption, Streuung und Emission innerhalb des Mediums zugeordnet werden kann.

Die in ein strahlungsaktives Medium einfallende Strahlungsenergie wird entsprechend der im Medium zurückgelegten Wegstrecke s und der Absorptionseigenschaften des Mediums

$$\frac{dI_\lambda}{ds} = -\kappa_\lambda I_\lambda \tag{3.12}$$

absorbiert. Die spektralen Absorptionseigenschaften des Mediums werden dabei mit dem Absorptionskoeffizienten κ_λ beschrieben. Dieser unterscheidet sich je nach betrachtetem Medium. Sind strahlungsaktive Gase (siehe Kapitel 3.3) zu berücksichtigen, so ist die Konzentration der beteiligten Spezies i maßgeblich für die Strahlungseigenschaften und der Absorptionskoeffizient ergibt sich als Produkt eines druckbezogenen Absorptionskoeffizienten und dem Partialdruck $\kappa_\lambda = k_{\lambda,p,i} \cdot p_i$. Die druckbezogenen Absorptionskoeffizienten werden mit Spektroskopieverfahren für einzelne Gase in unterschiedlich feiner spektraler Auflösung ermittelt.

Die Abschwächung der Intensität durch Absorption innerhalb des Mediums ergibt sich durch die Integration von Gleichung 3.12 entlang der Wegstrecke s in Abhängigkeit der Intensität der einfallenden Strahlung $I_{\lambda,0}$ an der Stelle $s = 0$.

$$I_{\lambda,s} = I_{\lambda,0}\; exp\left[-\int_0^s \kappa_\lambda ds\right] = I_{\lambda,0}\; exp\left[-X_\lambda\right] \tag{3.13}$$

Der integrale Ausdruck in der Exponentialfunktion ist die spektrale optischen Dichte X_λ des Strahlungsweges innerhalb des Mediums. Das bereits in Gleichung 3.8 definierte Absorptionsverhältnis lässt sich somit durch

$$\alpha_\lambda = \frac{I_{\lambda,0} - I_{\lambda,s}}{I_{\lambda,0}} = 1 - exp\left[-X_\lambda\right] \tag{3.14}$$

als Funktion der optischen Dichte für die im Medium in der betrachteten Raumrichtung zurückgelegte Wegstrecke s angegeben.

Analog ergibt sich unter Verwendung des spektralen Streukoeffizienten σ_λ für die Abschwächung der Intensität durch Streuung aus der betrachteten Raumrichtung innerhalb des Mediums

$$\frac{dI_\lambda}{ds} = -\sigma_\lambda I_\lambda \tag{3.15}$$

Nach Integration kann auch für Streuung eine optische Dichte formuliert werden. Sowohl bei der optischen Dichte für Absorption als auch für Streuung können die jeweiligen Koeffizienten als Kehrwert der mittleren Strecke verstanden werden, die zurückgelegt werden kann bevor Absorption bzw. Streuung eintreten. Die gesamte Abschwächung der spektralen Intensität durch Absorption und Streuung in einem Medium wird mit dem spektralen Extinktionskoeffizienten gemäß Gleichung 3.11 und der entsprechenden optischen Dichte beschrieben.

Gleichzeitig zu der Abschwächung innerhalb des Mediums kommt es durch Emission und Einstreuung zu einer Zunahme der Strahlungsenergie in der betrachteten Raumrichtung. Entsprechend der Proportionalität der emittierten Strahlungsenergie zum betrachteten Volumen besteht auch eine Proportionalität der emittierten Intensität zum Strahlungsweg in der betrachteten Richtung. Zudem wird die Emission durch den thermodynamischen Zustand des Mediums bestimmt. Für die Zunahme der Intensität durch Emission entlang der betrachteten Richtung ergibt sich somit

$$\frac{dI_\lambda}{ds} = \kappa_\lambda I_{b,\lambda} \tag{3.16}$$

Wie bereits für das Absorptionsverhältnis kann nun auch für das Emissionsverhältnis ein formaler Zusammenhang in Abhängigkeit von der optischen Dichte angegeben werden. Durch Kombination der Gleichungen 3.12 und 3.16 und Integration ergibt sich

$$I_{\lambda,s} = I_{\lambda,0}\, exp\left[-X_\lambda\right] + I_{b,\lambda}\ \left(1 - exp\left[-X_\lambda\right]\right) \tag{3.17}$$

entlang des Strahlungsweges s. Formal entspricht dies schon der vollständigen Strahlungstransportgleichung für ein emittierendes und absorbierendes, aber nicht streuendes Medium. Es soll weiter lediglich die Emission entlang des betrachteten Weges berücksichtigt werden, so dass die einfallende Intensität $I_{\lambda,0} = 0$ gesetzt werden kann. Das resultierende Emissionsverhältnis ist somit gemäß

$$\varepsilon_\lambda = \frac{I_{\lambda,s}}{I_{b,\lambda}} = 1 - exp\left[-X_\lambda\right] \tag{3.18}$$

gleich dem Absorptionsverhältnis in Gleichung 3.14 und entspricht dem bereits in Gleichung 3.10 angegeben Absorptions- bzw. Emissionsverhalten realer Körper nach dem Kirchhoff'schen Gesetz.

Neben der Zunahme der Strahlungsintensität durch Emission entlang der betrachteten Raumrichtung kann es auch zu einer Zunahme der Intensität durch Streuungseffekte kommen. Diese setzt sich aus eingestreuten Anteilen aus allen übrigen Raumrichtungen zusammen und muss daher integral über den gesamten Raumwinkelbereich 4π betrachtet werden.

$$\frac{dI_\lambda}{ds} = \frac{\sigma_{\lambda,s}}{4\pi} \int_{4\pi} I_\lambda(\vec{s}_i)\Phi_\lambda(\vec{s}_i,\vec{s})d\Omega_i \tag{3.19}$$

Die Wahrscheinlichkeit, dass aus den Richtungen $\vec{s}_i$ Strahlungsintensität in die betrachtete Richtung eingestreut wird, wird im Streuungsintegral durch die Phasenfunktion $\Phi_\lambda(\vec{s}_i,\vec{s})$ beschrieben. Für diese gilt unter der Berücksichtigung einer Konstanten 4π

$$\frac{1}{4\pi} \int_{4\pi} \Phi_\lambda(\vec{s}_i,\vec{s})d\Omega \equiv 1 \tag{3.20}$$

und es ergibt sich somit für den Fall einer für alle Raumwinkel konstanten Phasenfunktion, auch isentropes Streuungsverhalten genannt, dass $\Phi_\lambda \equiv 1$ ist.

Führt man eine Bilanzierung der Strahlungsenergie entlang einer gegebenen Raumrichtung $\vec{s}$ durch, so ergibt sich die Änderung der Strahlungsintensität aus der Summe der beschriebenen Terme der emittierten, absorbierten sowie gestreuten Anteile und wird mit der Strahlungstransportgleichung

$$\frac{dI_\lambda}{ds} = \vec{s}\cdot\nabla I_\lambda = \underbrace{\kappa_\lambda I_{b,\lambda}}_{Emission} - \underbrace{\kappa_\lambda I_\lambda}_{Absorption} - \underbrace{\sigma_{\lambda,s} I_\lambda}_{Streuung} + \underbrace{\frac{\sigma_{\lambda,s}}{4\pi} \int_{4\pi} I_\lambda(\vec{s}_i)\Phi_\lambda(\vec{s}_i,\vec{s})d\Omega_i}_{Einstreuung} \tag{3.21}$$

beschrieben. Zur Ermittlung des dreidimensionalen Strahlungswärmeaustauschs muss Gleichung 3.21 für die drei Raumkoordinaten (x, y, z), zwei Raumwinkel (Azimuthalwinkel Ω und Polarwinkel Ψ) und die Wellenlänge (λ) gelöst werden. Dies macht das Lösen der Strahlungstransportgleichung sehr aufwändig und es kann in den wenigsten Fällen eine exakte Lösung erzielt werden. Auf die Darstellung der transienten Strahlungstransportgleichung wurde verzichtet, da die Ausbreitungsgeschwindigkeit der Strahlung im Vergleich zu den übrigen Zeitmaßen in ingenieursmäßigen Betrachtungen so groß ist, dass die Strahlungsübertragung als quasi-stationär angenommen werden kann.

Können Streuungseffekte vernachlässigt werden, lässt sich die Strahlungstransportgleichung in vereinfachter Form

$$\frac{dI_\lambda}{ds} = \kappa_\lambda \left(I_{b,\lambda} - I_\lambda\right) \tag{3.22}$$

darstellen. Die Abschwächung der Strahlungsintensität ist somit nur noch von den

Absorptionseigenschaften des Mediums entlang der betrachteten Ausbreitungsrichtung $\vec{s}$ abhängig. Integration von Gleichung 3.22 entlang der betrachteten Richtung ergibt

$$I_{\lambda,s} = I_{\lambda,0} exp\left[-X\right] + I_{b,\lambda}\left(1 - exp\left[-X\right]\right) \tag{3.23}$$

Als Randbedingungen der Strahlungstransportgleichung ergeben sich die Strahlungsflüsse über die Grenzen des betrachteten Systems hinweg aus einer analogen Bilanzierung der emittierten, absorbierten und reflektierten Strahlungsintensitäten. Bei Verbrennungssystemen sind dies typischerweise auf etwaige Brennraumwände auftreffende Strahlungswandwärmeströme sowie direkt an die Umgebung abgegebene Verlustströme. Formal lässt sich die Randbedingung an einer beliebigen, diffus emittierenden und reflektierenden Oberfläche gemäß

$$I_\lambda(\vec{s}^{+}) = (1-\rho)\, I_{b,\lambda}(\vec{s}^{+}) - \frac{\rho}{\pi}\int_0^{2\pi} I_\lambda(\vec{s}^{-}) \left|\vec{n}\cdot\vec{s}^{-}\right| d\Omega^{-} \tag{3.24}$$

formulieren. Der Vektor $\vec{n}$ entspricht der in den Strahlungsraum gerichteten Flächennormalen. Die von der Oberfläche in den Verbrennungsraum zeigenden Richtungsvektoren werden mit $\vec{s}^{+}$ bezeichnet. Aus dem Verbrennungsraum auf die Oberfläche zeigende (einfallende) Richtungsvektoren werden mit $\vec{s}^{-}$ bezeichnet. Entsprechend ist die von der Oberfläche abgestrahlte Intensität mit $I_\lambda(\vec{s}^{+})$ und die auf die Oberfläche einfallende Intensität mit $I_\lambda(\vec{s}^{-})$ bezeichnet. Das Produkt aus $\vec{n}\cdot\vec{s}^{-} = cos\Omega$ ist somit der Kosinus des Winkels zwischen der Einfallrichtung $\vec{s}^{-}$ und der Flächennormalen. Hier wird offensichtlich, dass die von einer Oberfläche abgegebene Strahlungsintensität nicht eindeutig aus den Strahlungseigenschaften der Oberfläche und deren Temperatur bestimmt werden kann, sondern zudem die auf die Oberfläche einfallende Strahlungsintensität bekannt sein muss. Die Annahme der diffus, d.h. richtungsunabhängig, emittierenden und absorbierenden Wände ist für typische, raue Oberflächen in technischen Verbrennungssystemen gerechtfertigt.

Zum Ermitteln der Strahlungsintensität wird weiterhin die Temperatur- und Speziesverteilung in dem betrachteten System benötigt. Da sich diese jedoch gegenseitig beeinflussen, muss der aus dem Strahlungstransport resultierende Energiefluss in eine Bilanzierung der Gesamtenergie einbezogen werden, wodurch sich die Temperatur- und Speziesverteilungen sowie die Verteilung der Strahlungsintensität iterativ ergeben. Diese Kopplung geschieht über den Strahlungsquellterm in Gleichung 2.8, welcher die volumetrische Änderung der Enthalpie durch Absorption und Emission von Strahlungsenergie im Volumenelement sowie durch Strahlungsflüsse über die Systemgrenzen beschreibt.

Die Betrachtung des Strahlungstransports wurde bislang lediglich entlang einer vorgegebenen Richtung $\vec{s}$ durchgeführt. Um eine Aussage über die volumetrische Änderung der Strahlungsenergie treffen zu können, muss diese daher über den gesamten Raumwinkelbereich 4π integriert werden.

$$\int_{4\pi} \vec{s} \cdot \nabla I_\lambda d\Omega = \int_{4\pi} \kappa_\lambda I_{b,\lambda} d\Omega - \int_{4\pi} \beta_\lambda I_\lambda d\Omega + \int_{4\pi} \frac{\sigma_{\lambda,s}}{4\pi} \int_{4\pi} I_\lambda(\vec{s}_i) \Phi_\lambda(\vec{s}_i, \vec{s}) d\Omega_i \, d\Omega \quad (3.25)$$

Da die Richtungskoordinate und die Ortskoordinate voneinander unabhängig sind, kann auf der linken Seite von Gleichung 3.25 der Gradient auch auf das Integral und den Richtungsvektor angewendet werden. Die linke Seite beschreibt somit die Divergenz des spektralen Strahlungsflusses. Des Weiteren können die richtungsunabhängigen Größen κ_λ, β_λ und $\sigma_{\lambda,s}$ vor die Integrale gezogen werden.

$$\nabla \cdot \int_{4\pi} \vec{s} I_\lambda d\Omega = \kappa_\lambda \int_{4\pi} I_{b,\lambda} d\Omega - \beta_\lambda \int_{4\pi} I_\lambda d\Omega + \sigma_{\lambda,s} \int_{4\pi} I_\lambda(\vec{s}_i) \frac{1}{4\pi} \int_{4\pi} \Phi_\lambda(\vec{s}_i, \vec{s}) d\Omega_i \, d\Omega \quad (3.26)$$

Auf der rechten Seite kann zunächst die Integration für den ersten Term, den emittierten Anteil, durchgeführt werden.

$$\nabla \cdot \vec{q}_\lambda = 4\pi \kappa_\lambda I_{b,\lambda} - \beta_\lambda \int_{4\pi} I_\lambda d\Omega + \sigma_{\lambda,s} \int_{4\pi} I_\lambda(\vec{s}_i) \frac{1}{4\pi} \int_{4\pi} \Phi_\lambda(\vec{s}_i, \vec{s}) d\Omega_i \, d\Omega \quad (3.27)$$

Durch eine weitere Änderung der Integrationsreihenfolge im Streuungsintegral und unter Berücksichtigung der Definition der Phasenfunktion $\frac{1}{4\pi} \int_{4\pi} \Phi_\lambda(\vec{s}_i, \vec{s}) d\Omega \equiv 1$ in Gleichung 3.20 kann die Integration in diesem Term durchgeführt werden und die Gleichung vereinfacht sich somit zu

$$\nabla \cdot \vec{q}_\lambda = 4\pi \kappa_\lambda I_{b,\lambda} - \beta_\lambda \int_{4\pi} I_\lambda d\Omega + \sigma_{\lambda,s} \int_{4\pi} I_\lambda(\vec{s}_i) \, d\Omega_i \quad (3.28)$$

Berücksichtigt man weiter, dass die Integrationen über Ω und Ω_i über den selben Raumwinkelbereich durchgeführt werden und die Bedingung $\kappa_\lambda = \beta_\lambda - \sigma_\lambda$ (vgl. Gleichung 3.11) gilt, so kann eine weitere Vereinfachung vorgenommen werden.

$$\nabla \cdot \vec{q}_\lambda = 4\pi \kappa_\lambda I_{b,\lambda} - \kappa_\lambda \int_{4\pi} I_\lambda d\Omega \quad (3.29)$$

Offensichtlich ergibt sich demnach der spektrale Nettostrahlungsfluß in einem Volumenelement aus der Differenz der emittierten und absorbierten Strahlung und ist unabhängig von möglichen Streuungseigenschaften des betrachteten Mediums. Zur Kopplung des Strahlungstransports mit einer allgemeinen Bilanzierung der Gesamtenergie muss in einem nächsten Schritt noch eine Integration über die spektrale Größe durchgeführt werden

$$\nabla \cdot \vec{q} = \int_0^\infty \left(4\pi\kappa_\lambda I_{b,\lambda} - \kappa_\lambda \int_{4\pi} I_\lambda d\Omega \right) d\lambda \tag{3.30}$$

Mit den in diesem Abschnitt hergeleiteten Gleichungen ist nun eine vollständige formale Lösung des dreidimensionalen Strahlungstransportproblems möglich. Nun müssen noch Aussagen über die Strahlungseigenschaften der zu berücksichtigenden Medien getroffen werden. Diese sind im Falle typischer verbrennungstechnischer Anwendungen sowohl unterschiedliche Wandmaterialien, welche mit entsprechenden Emission-, Absorptions- und Reflexionseigenschaften beschrieben werden können, als auch gasförmige und partikelförmige Verbrennungsprodukte, für welche Absorptions- und Streukoeffizienten zu bestimmen sind. Entsprechend der Zusammensetzung der betrachteten Verbrennungsprodukte wird der Absorptionskoeffizient des Mediums unter Vernachlässigung von Streuung in zwei Anteile aufgeteilt.

$$\kappa_\lambda = \kappa_{\lambda,P} + \kappa_{\lambda,G} \tag{3.31}$$

Dies ist zum einen der Absorptionskoeffizient zu berücksichtigender Partikel $\kappa_{\lambda,P}$ (z.B. Flammenruß, Asche) und zum anderen der Absorptionskoeffizient der strahlungsaktiven Gase $\kappa_{\lambda,G}$. Zur Bestimmung der jeweiligen Absorptionseigenschaften finden sich verschiedene Ansätze welche von der Modellvorstellung des grauen Strahlers bis hin zu spektral sehr fein aufgelösten Eigenschaften reichen. Eine ausführliche Beschreibung unterschiedlicher Modellierungsansätze findet sich z.B. in Modest (2003). Im Folgenden werden zunächst die verwendeten Modelle beschrieben, bevor unterschiedliche numerische Methoden zur Lösung der Strahlungstransportgleichung vorgestellt werden.

3.3 Strahlungseigenschaften von Gasen

Hinsichtlich ihrer spektralen Strahlungseigenschaften unterscheiden sich Festkörper und Gase grundlegend voneinander. Im Gegensatz zu dem kontinuierlichen Spektrum der Festkörperstrahlung ist die Strahlung von Gasmolekülen aufgrund beschränkter Möglichkeiten der inneren Energieübergänge auf diskrete Strahlungsbanden begrenzt. Die spektrale Position und Anzahl der Strahlungsbanden ist dabei von der Struktur der jeweiligen Gasmoleküle abhängig. Die Strahlungsbanden setzen sich aus einzelnen, sich überlagernden Spektrallinien zusammen, die sich nur bei einer sehr hohen spektralen

Auflösung voneinander unterscheiden lassen. Diese Anordnung wird allgemein als Feinstruktur bezeichnet. Jeder Spektrallinie kann ein bestimmter Absorptionskoeffizient zugeordnet werden, welcher von Spektrallinie zu Spektrallinie um mehrere Größenordnungen innerhalb des Spektrums variieren kann.

Die einfachsten Ansätze zum Modellieren der Gasstrahlung sehen über diese Charakteristik der Gase hinweg und gehen davon aus, dass sich das Emissionsverhalten von Gasen als grau darstellen lässt. Zur Beschreibung der Strahlungseigenschaften von Verbrennungsgasen stellten Hottel und Sarofim (1967) erste Diagramme für die Werte der Gesamtemissivitäten von CO_2 und H_2O als Funktion der Verbrennungstemperatur bei atmosphärischem Druck zur Verfügung. Im Falle von Gasmischungen wird der möglichen Überlagerung von Gasbanden durch einen Korrekturterm Rechnung getragen. Boynton und Ludwig (1971) und Leckner (1972) verbesserten die Genauigkeit des Modells durch Ermittlung der Emissivitäten mittels Integration spektraler Daten. Im Gegensatz zu den als grau darstellbaren Strahlungseigenschaften von Festkörpern kann die Vernachlässigung des spektralen Charakters der Strahlungseigenschaften von Gasen jedoch zu erheblichen Fehlern in der Berechnung der Strahlungsflüsse führen Modest (2003). Graugasmodelle werden daher lediglich für ingenieursmäßige Abschätzung der zu erwartenden Strahlungsflüsse verwendet (siehe z.B. Lefebvre (1999)).

Um die Ursache des spektralen Charakters der Strahlung von Gasen zu verstehen, ist eine quantenmechanische Betrachtung notwendig. Die Energie von Molekülen resultiert aus inneren Schwingungs- und Rotationsbewegungen der einzelnen Molekülbausteine. Gemäß den Gesetzen der Quantenmechanik besitzt jeder Schwingungs- und Rotationszustand eine diskrete Energie. Wird die Emission und Absorption elektromagnetischer Strahlung mit der Vorstellung des Austauschs von Photonen beschrieben, so kann entsprechend der Wellenzahl jedem Photon ein eindeutiger Energiegehalt $h\ c\ \omega$ zugeordnet werden Tien (1968). Dieser entspricht der Energiedifferenz der bei einer Verringerung der inneren Molekülenergie auf ein energetisch niedrigeres Niveau freiwerdenden Energie. Trifft dieses emittierte Photon wiederum auf ein anderes Gasmolekül, so kann es zur Absorption des Photons und somit einer Erhöhung des energetischen Zustandes des Moleküls kommen. Dies führt zu einer Änderung der Schwingungs- und Rotationszustände des Gasmoleküls Edwards (1976). Diese können in erster Näherung dem Modell eines harmonischen Oszillator und starren Kreisel-Systems beschrieben werden. Nach der Annahme des harmonischen Oszillators ist die Energiedifferenz zwischen den einzelnen angeregten Zuständen konstant. Dies hätte zur Folge, dass emittierte und absorbierte Photonen immer die gleiche Wellenlänge haben müssten. Reale Moleküle zeigen hingegen ein von der Modellvorstellung abweichendes Verhalten. Die Energiedifferenz zwischen den einzelnen Zuständen unterscheiden sich voneinander, was wiederum zur Folge hat, dass Photonen unterschiedlicher Wellenlängen emittiert und absorbiert werden können.

3.3.1 Line-by-line Ansatz

Eine exakte Bestimmung der Strahlungseigenschaften von Gasen ist mittels des sog. Line-by-line Ansatzes möglich. Jede Linie ist dabei durch ihre Linienintensität S, bzw. linienintegralen Absorptionskoeffizienten, charakterisiert. Die Strahlungswechselwirkung einer einzelnen Linie findet real jedoch nicht bei exakt einer Wellenzahl ω_0 statt, sondern ist auf einen sehr kleinen spektralen Bereich begrenzt. Dieses Phänomen wird als Linienverbreiterung bezeichnet und wird durch unterschiedliche Mechanismen verursacht. Die wichtigsten drei Mechanismen sind die natürliche Linienverbreiterung, die Doppler-Verbreiterung und die Kollisionsverbreiterung.

Ursache für die natürliche Linienverbreiterung ist die Heisenberg'sche Unschärferelation, derzufolge der spontane innere Energieübergang nicht immer mit genau der gleichen Energie stattfinden kann. Diese Unschärfe der Energie resultiert in einer minimalen Frequenzverteilung der Energieübergänge und hat somit die Verbreiterung der Linie zur Folge. Dieser Verbreiterungsmechanismus ist nach Goody und Yung (1989) jedoch unter atmosphärischen Bedingungen gegenüber den beiden anderen Mechanismen verschwindend klein. Aus der Maxwell'schen Verteilung der Molekülgeschwindigkeit ergibt sich für geringe Relativgeschwindigkeiten der Moleküle gegenüber einem Beobachter eine Doppler-Verschiebung der beobachteten Wellenlänge. Die resultierende Form der verbreiterten Spektrallinien kann formal mit der Doppler-Halbwertbreite

$$\gamma_{Doppler} = \frac{\omega_0}{c}\sqrt{\frac{2k_BT}{m}ln2} \tag{3.32}$$

unter Berücksichtigung der Molekülmasse m und der lokalen Temperatur T beschrieben werden. Die Kollisionsverbreiterung der Linien wird durch die Frequenz der Stöße der Gasmoleküle untereinander verursacht. Gemäß Goody und Yung (1989) ergibt sich die Kollisions-Halbwertbreite zu

$$\gamma_{Kollision} = \frac{p}{p_0}\sqrt{\frac{T_0}{T}} \tag{3.33}$$

und beschreibt somit die Proportionalität der Kollisionswahrscheinlichkeit zur Anzahldichte der Gasmoleküle ($n \propto p/T$) und der Molekülgeschwindigkeit ($v \propto \sqrt{T}$). Die Werte p_0 und T_0 sind Referenzwerte.

Vergleicht man die beiden Verbreiterungsmechanismen, wird ersichtlich, dass im für Verbrennungssysteme typischen Druck- und Temperaturbereich die Linienverbreiterung durch Molekülkollision $\gamma \propto p/\sqrt{T}$ dominiert. Erst bei sehr hohen Temperaturen und Energieübergängen bei hohen Wellenzahlen dominiert die Doppler-Verbreiterung $\gamma \propto \omega\sqrt{T}$.

Aus einer quantenmechanischen Betrachtung kann die Form der Spektrallinie mit einem sog. Lorentz-Profil in Abhängigkeit von der Halbwertbreite der Spektrallinie γ_ω und dem linienintegralen Absorptionskoeffizienten S beschrieben werden. Der Abstand der Linien untereinander wird mit dem Linienabstand d angegeben. Für ein Dopplerverbreitertes Profil ergibt sich somit:

$$\frac{k_\omega}{p} = \frac{S_\omega}{\gamma_{\omega,D}} \sqrt{\frac{ln\ 2}{\pi}}\ exp\left[-(ln\ 2)\left(\frac{\omega - \omega_0}{\gamma_{\omega,D}}\right) 2\right] \tag{3.34}$$

Ein stoßverbreitertes Profil wird durch

$$\frac{k_\omega}{p} = \frac{S_\omega}{\pi} \frac{\gamma_{\omega,K}}{(\omega - \omega_0)^2 + \gamma_{\omega,K}^2}; \qquad S_\omega \equiv \frac{1}{p}\int_{\Delta\omega} k\ d\omega \tag{3.35}$$

beschrieben. Zur Veranschaulichung der unterschiedlichen Profilverläufe sind beide in Abb. 3.6 abgebildet. Die dargestellten Verläufe sind für gleiche Linienstärken S und Halbwertbreiten $\gamma_{\omega,D} = \gamma_{\omega,K}$ ermittelt.

Die Tatsache, dass bei dem Line-by-line Ansatz jede einzelne Linie des Strahlungsspektrums aufgelöst wird, führt jedoch zu extrem hohen Rechenzeiten und hohem Speicherbedarf beim Lösen der Strahlungstransportgleichung.

3.3.2 Schmalband Ansatz

In sog. Schmalband-Modellen (im englischen Sprachgebrauch Statistical Narrow-Band (SNB) Modelle) wird daher die Feinstruktur nicht vollständig aufgelöst, sondern der Verlauf der Strahlungsbanden wird durch zwei Modellparameter beschrieben. Diese sind der spektral gemittelte Absorptionskoeffizient sowie der Linienstrukturparameter

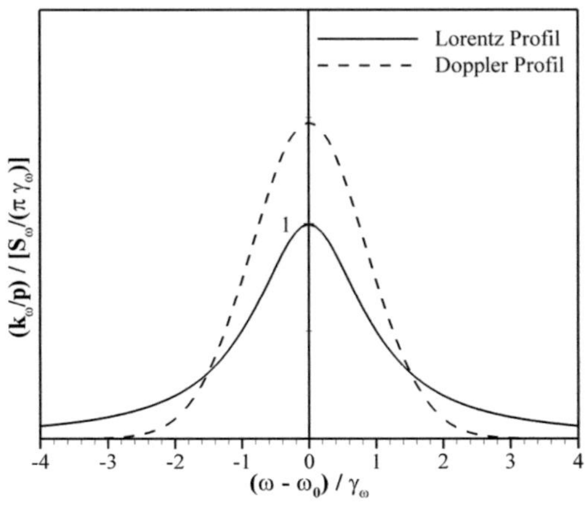

Abbildung 3.6: Verlauf eines Lorentz-Profils und eines Doppler-Profils

γ/d, die für ein enges Wellenzahlintervall $\Delta\omega$ als konstant angenommen werden. Die Breite des spektralen Intervalls wird dabei so gewählt, dass der Wert der spektralen Schwarzkörperintensität im Intervall als näherungsweise konstant angenommen werden kann.

Die Anordnung der Linien in einem spektralen Intervall unterscheidet sich je nach Art der Moleküle. Zweiatomige Moleküle haben lediglich zwei identische Rotationsanregungen, wodurch eine gleichmäßige Verteilung der Spektrallinien, einheitlicher Linienabstand d, und einheitliche Linienstärke S angenommen werden können. Die gleichmäßige Anordnung der Linien wird mit dem Elsasser-Modell Elsasser (1938) beschrieben.

Im Gegensatz zu den zweiatomigen Molekülen sind die Anregungszustände bei komplexeren Molekülen so vielfältig, dass die Spektrallinien mit einer zufälligen Linienstärke und einer zufälligen Verteilung über die Intervallbreite $\Delta\omega$ angenommen werden können. Zur Beschreibung dieser statistischen Verteilung wurden unterschiedliche Ansätze formuliert und hinsichtlich ihrer Anwendbarkeit untersucht. Ausgehend von einer gleichmäßigen Verteilung der Linienstärke definiert der Ansatz nach Goody (1952) eine Wahrscheinlichkeitsdichte für die Linienstärke

$$P(S) = \frac{1}{S_0} exp\left[-\frac{S}{S_0}\right] \qquad (3.36)$$

in Abhängigkeit der mittleren Linienstärke S_0. Weiterführende Untersuchungen von

Malkmus (1967) haben gezeigt, dass mit diesem Ansatz die Anzahl der Linien niedriger Intensität als zu gering vorhergesagt wird. Der als Malkmus-Modell bekannte, modifizierte Ansatz

$$P(S) = \frac{1}{S} exp\left[-\frac{S}{S_0}\right] \tag{3.37}$$

gilt momentan als das beste Modell zur Beschreibung der Linienverteilung mehratomiger Moleküle und die Vergleichbarkeit mit Line-by-Line Berechnungen konnte von verschiedenen Autoren (Taine (1983); Hartmann u. a. (1984); Soufiani u. a. (1985)) durch Anpassung der Modellparameter nachgewiesen werden. Die angepassten Modellparameter liegen in Form von Tabellen vor.

Legt man ein Lorentz-Profil der Spektrallinien zugrunde, so ergibt sich entlang eines homogenen, isothermen Strahlungsweges s das über das spektrale Intervall $\Delta\omega$ gemittelte Transmissionsverhältnis $\tau_{\Delta\omega}$

$$\tau_{\Delta\omega} = exp\left[-2\frac{\gamma}{d}\left[\sqrt{1 + x_i psk\frac{d}{\gamma}} - 1\right]\right] \tag{3.38}$$

x_i ist der Molenbruch der berücksichtigten Spezies bei dem Druck p. Die hier verwendete Formulierung für das mittlere Transmissionsverhältnis entspricht der Notation nach Ludwig u. a. (1973) bzw. Soufiani und Taine (1997).

Zur Bestimmung der Halbwertbreiten für die strahlungsaktiven Verbrennungsgase CO, CO_2 und H_2O haben Soufiani und Taine (1997) folgende Zusammenhänge formuliert:

$$\gamma_{CO_2} = \frac{p}{p_S}\left(\frac{T_S}{T}\right)^{0.7}\left[0.07x_{CO_2} + 0.058\left(1 - x_{CO_2} - x_{H2O}\right) + 0.1x_{H_2O}\right]$$

$$\gamma_{H_2O} = \frac{p}{p_S}\left\{0.462x_{H_2O}\left(\frac{T_S}{T}\right) + \left(\frac{T_S}{T}\right)^{0.5}\left[0.079\left(1 - x_{CO_2} - x_{O_2}\right) + 0.106x_{CO_2} + 0.036x_{O_2}\right]\right\}$$

$$\gamma_{CO} = \frac{p}{p_S}\left\{0.075x_{CO_2}\left(\frac{T_S}{T}\right)^{0.6} + 0.12x_{H_2O}\left(\frac{T_S}{T}\right)^{0.82} + 0.06\left(\frac{T_S}{T}\right)^{0.7}\left(1 - x_{CO_2} - x_{H_2O}\right)\right\}$$

Hierin ist der Referenzdruck $p_S = 1atm$ und die Temperatur $T_S = 296K$.

Der Linienabsorptionskoeffizient k sowie der Linienabstand d sind in erster Nährung lediglich von der Temperatur abhängig und werden für die jeweiligen Spezies in Tabellen abgelegt. Die Tabellen umfassen Temperaturen von 300 - 2900K und einen spektralen Bereich von 150 - 9300cm^{-1}. Die spektrale Auflösung beträgt $\Delta\omega = 25cm^{-1}$. Zur

Bestimmung der Modellparameter wurden Least-Square Anpassungen an Transmissionsverhältnisse aus Line-by-Line Berechnungen durchgeführt.

Die bisherigen Betrachtungen unterliegen der Annahme, dass sowohl der Linienabsorptionskoeffizient als auch der Linienabstand des betrachteten Mediums entlang des Strahlungsweges konstant sind. Beide Modellparameter weisen jedoch eine starke Abhängigkeit von den lokalen Spezieskonzentrationen und Temperaturen auf. Diese unterliegen in Flammen erheblichen Gradienten. Die Änderung der Modellparameter mit den lokalen thermodynamischen Größen muss daher bei der Integration entlang des Strahlungsweges berücksichtigt werden, wodurch jedoch keine allgemeingültige, geschlossene Lösung für das Problem bestimmt werden kann. Der als Curtis-Godson Approximation bekannte Ansatz gilt als geeignetes Näherungsverfahren und findet in den letzten Jahrzehnten häufig Verwendung (siehe Siegel und Howell (1972); Young (1977); Modest (2003)). Zur Beschreibung des Transmissionsverhältnisses für inhomogene Strahlungsmedien werden nach diesem Ansatz integrale, äquivalente Modellparameter entlang des Strahlungsweges ermittelt.

$$u = \int_0^s x_i \cdot p \, ds' \tag{3.39}$$

$$k_{äq} \cdot u = \int_0^s k \cdot x_i \cdot p \, ds' \tag{3.40}$$

$$\left(\frac{\gamma}{d}\right)_{äq} \cdot k_{äq} \cdot u = \int_0^s \frac{\gamma}{d} \cdot k \cdot x_i \cdot p \, ds' \tag{3.41}$$

Die Parameter $k_{äq}$ und $(\gamma/d)_{äq}$ lassen sich als die Werte eines äquivalenten homogenen Strahlungsmediums interpretieren.

Sind mehrere der betrachteten Spezies im gleichen spektralen Intervall $\Delta\omega$ aktiv, so ergibt sich das Transmissionsverhältnis der Gasmischung als Produkt der Transmissionsverhältnisse der Einzelspezies.

$$\tau_{\Delta\omega,ges} = \prod_i \tau_{\Delta\omega,i} \tag{3.42}$$

Die Eignung und die Genauigkeit des beschriebenen Modells wurde z.B. von Pierrot u. a. (1999) untersucht und für Verbrennungssysteme insbesondere mit nicht stark reflektierenden Wänden als geeignet angesehen. Im Vergleich zu aufwändigeren Rechenmethoden müssen bei reduzierten Rechenzeiten nur geringe Genauigkeitsverluste in Kauf genommen werden.

Zur vereinfachten Berechnung wurden verschiedene mittlere Absorptionskoeffizienten definiert. Zur Bestimmung der Gesamtemission von Gasen hat sich der mittlere Planck-Absorptionskoeffizient bewährt. Dieser ergibt sich aus einer Integration gemäß

$$\bar{\kappa}_P = \frac{\int_0^\infty k_\omega I_{b,\omega} d\omega}{\int_0^\infty I_{b,\omega} d\omega} = \frac{1}{I_b} \int_0^\infty k_\omega I_{b,\omega} d\omega = \frac{\pi}{\sigma T^4} \int_0^\infty k_\omega I_{b,\omega} d\omega \tag{3.43}$$

über das betrachtete Spektrum, wobei der Absorptionskoeffizient κ_ω und die Schwarzkörperintensität $I_{b,\omega}$ die bei der Wellenzahl ω ermittelten Werte sind. Wird der spektrale Absorptionskoeffizient mit dem SNB Modell ermittelt bzw. direkt aus den Daten einer Spektroskopiedatenbank, so kann die Integration über das Spektrum durch die Summe der einzelnen spektralen Intervalle bzw. Linien ersetzt werden. Der mittlere Planck-Absorptionskoeffizient ergibt sich somit aus der Summe

$$\bar{\kappa}_P = \frac{\pi}{\sigma T^4} \sum_i I_{b,\omega_i} \int_0^\infty k_{i,\omega} d\omega \quad , \tag{3.44}$$

wobei $k_{i,\omega}$ der Absorptionskoeffizient in der Mitte des Intervalls bzw. der Linie i bei der Wellenzahl ω_i ist.

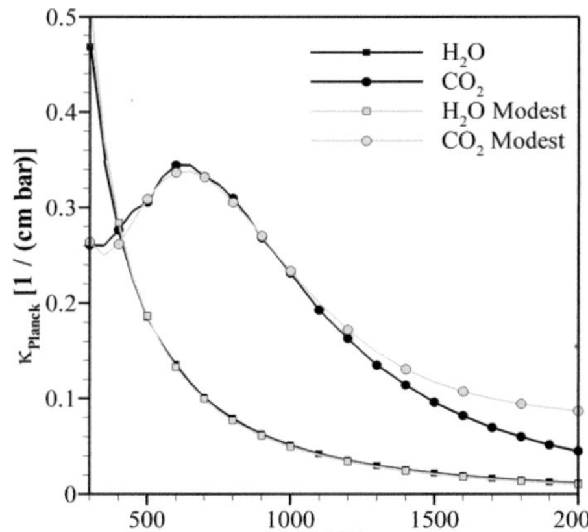

Abbildung 3.7: Mittlerer Planck Absorptionskoeffizient für CO_2 und H_2O

Zur Berechnung des Absorptionskoeffizienten von CO_2 und H_2O verwenden Zhang und Modest (2002) direkt die in der Spektroskopiedatenbank HITEMP (Rothman u. a. (2003)) tabellierten Werte der Einzellinien. Im Vergleich dazu wird in dieser Arbeit der mittlere Planck-Absorptionskoeffizient mittels der bereits erwähnten Statistical Narrow-Band Parameter von Soufiani und Taine (1997) bestimmt. Die sich jeweils ergebenden, druckbezogenen Absorptionskoeffizienten sind in Abb. 3.7 in Abhängigkeit von der Temperatur dargestellt.

Die Verläufe stimmen im Fall von H_2O sehr gut miteinander überein. Im Fall von CO_2 ist festzustellen, dass für Temperaturen über 1200 K von Zhang und Modest (2002) höhere Werte für $\bar{\kappa}_P$ vorhergesagt werden als mit dem SNB Ansatz erreicht werden. Dies lässt sich mit den bei Zhang und Modest (2002) verwendeten Daten begründen, die mehrere CO_2 Linien bei höheren Temperaturen berücksichtigen.

3.4 Strahlungseigenschaften von Ruß

Bei der Verbrennung von Kohlenwasserstoffen kommt es in brennstoffreichen Flammenzonen zur Bildung von Rußprimärpartikeln, die als kugelförmig angesehen werden können. Mit einem typischen Durchmesser von 10 bis 80 nm ist die Größe der Partikel so gering, dass davon ausgegangen werden kann, dass sie bei Flammentemperatur vorliegen. Des Weiteren setzen sie sich aus einer sehr hohen Anzahl an Atomen zusammen. Somit ist die mögliche Überlagerung aller sich gegenseitig beeinflussenden Schwingungszustände der einzelnen Atome groß genug um in einem kontinuierlichen Spektrum Strahlung zu emittieren. Der Wellenlängenbereich in welchem die Rußpartikeln emittieren liegt zudem im Wellenlängenbereich der thermischen Strahlung. In stark rußenden Flammen ist die Intensität der von Flammenruß ausgehenden Strahlung deutlich höher als die der Verbrennungsgase. Ein ingenieursmäßiger Ansatz zur Modellierung rußender Flammen mittels eines spektral gewichteten Graugasansatzes wird z.B. von Solovjov und Webb (2001) vorgestellt.

Um eine genaue Aussage über die Strahlungseigenschaften des Flammenrußes treffen zu können, müssen prinzipiell sowohl die Form, Anzahl und Verteilung der einzelnen Rußpartikel als auch deren optische Eigenschaften berücksichtigt werden. Durch Lösen der Maxwell'schen Gleichungen können die Strahlungseigenschaften dann ermittelt werden. Da dieses Verfahren sehr rechenzeitintensiv wäre und hinsichtlich der benötigten Rußeigenschaften keine allgemeingültigen Aussagen getroffen werden können, wird vereinfachend von monodispersen, kugelförmigen Rußpartikeln ausgegangen. Deren Wechselwirkung mit elektromagnetischen Wellen kann nach der Mie-Theorie Mie (1908) beschrieben werden. Eine weitere Vereinfachung kann aufgrund der Größe der Rußpartikeln getroffen werden. Da diese sehr viel kleiner sind als die typische Wellenlänge der thermischen Strahlung, ist das Kriterium $a = \pi d/\lambda < 1$ erfüllt, und die Rayleigh-Approximation ist als Näherungslösung der Mie-Theorie mit vertretbaren Einschränkungen hinsichtlich der Genauigkeit der erhaltenen Lösung gültig (siehe z.B.

Hulst (1981)). Nach dieser Vereinfachung ist die Streuung an den Partikeln vernachlässigbar und es ergibt sich

$$\kappa_{\lambda,Ruß} = \frac{36\pi nk}{\left(n^2 - k^2 + 2\right)^2 + 4n^2k^2} \frac{f_V}{\lambda} \tag{3.45}$$

als Absorptionskoeffizient in Abhängigkeit des Rußvolumenbruchs f_V und dem Real- und Imaginärteil des komplexen Brechungsindexes $m = n + ik$. Der Rußvolumenbruch ergibt sich aus dem Verhältnis der lokalen Rußkonzentration und dessen Dichte, für die in dieser Arbeit ein Wert von $\rho_{Ruß} = 1800 mg/cm^3$ angenommen wurde. Die Tatsache, dass nach Brewster (1992) wegen der geringen Größe der Rußpartikeln auf die Beschreibung von Streuungseffekten verzichtet werden kann, hat neben der Vereinfachung der zu berücksichtigenden Strahlungseigenschaften und somit der zu lösenden Strahlungstransportgleichung zudem den Vorteil, dass die mit erheblichem numerischen Aufwand verbundene Bestimmung der Partikelgrößenverteilung der Rußpartikeln nicht notwendig ist. Weiter zeigen Untersuchungen von Dalzell und Sarofim (1969), daß sich die Strahlungseigenschaften des Flammenrußes verschiedener Flammen voneinander unterscheiden. Spektoskropische Aufnahmen zeigen, dass die Rußprimärpartikel Agglomerate in der Flamme bilden, deren Berücksichtigung die Bestimmung der Strahlungseiegnschaften weiter verkompliziert. Zum einen können die Agglomerate eine Größe erreichen, ab welcher das Rayleigh-Kriterium nicht mehr erfüllt ist. Zum anderen können sich Strukturen bilden, deren Streuungseigenschaften bei der Bestimmung des Extinktionskoeffizienten berücksichtigt werden müssen. Zur Untersuchung des Einflusses der Partikelgeometrie wurden z.B. von Lee und Tien (1983) Berechnungen mit zylindrischen Modellgeometrien durchgeführt. Für wellenlängenintegrale Betrachtungen bei verbrennungstypischen Temperaturen ($T > 1000K$) ergaben diese eine geringe Abhängigkeit der Strahlungsabhängigkeiten von der Partikelgeometrie.

Heilos (2002) gibt eine ausführliche Zusammenfassung der Strahlungseigenschaften von Ruß und leitet daraus formale Zusammenhänge zur Modellierung ab. Mit den entwickelten Modellen können im Vergleich zu gemessenen Intensitätsspektren gute Übereinstimmungen erreicht werden. Nachteil der vorgestellten Ansätze ist jedoch, dass die Modelle auf Parametersätzen aufbauen, die für einzelne Brennerabstände definiert sind und sich nicht eindeutig durch eine allgemeingültige Gleichung ausdrücken lassen. Zudem wurden die Untersuchungen für Erdgas-, Propan- und Heizölflammen durchgeführt und weisen je nach Flamme unterschiedliche Datensätze auf. Die direkte Anwendbarkeit zur Berechnung einer kontinuierlichen Lösung ist mit diesem Ansatz daher nicht gegeben.

Neben der direkten Abhängigkeit des Absorptionskoeffizienten von der Wellenlänge ($\kappa_{\lambda,Ruß} \propto 1/\lambda$) ist auch der komplexe Brechungsindex stark von der Wellenlänge abhängig. Die Wellenlängenabhängigkeit des Brechungsindexes kann nach Chang und Charalampopoulos (1990) mit

$$n = 1.8110 + 0.1263\ ln\lambda + 0.0270\ ln^2\lambda + 0.0417\ ln^3\lambda \tag{3.46}$$

$$k = 0.5821 + 0.1213\ ln\lambda + 0.2309\ ln^2\lambda - 0.0100\ ln^3\lambda \tag{3.47}$$

im Wellenlängenbereich $0,4\ \mu m \leq \lambda \leq 30\ \mu m$ modelliert werden. Wang u. a. (2005) zeigen die Eignung des Modellierungsansatzes zur Beschreibung des Strahlungswärmeaustauschs in einer rußenden Propanflamme sowie die Notwendigkeit der spektralen Modellierung der Strahlungseigenschaften von Flammenruß.

3.5 Lösungsverfahren

Eine exakte analytische Lösung der Strahlungstransportgleichung 3.21 ist nur für sehr vereinfachte, idealisierte Fälle möglich. Zudem berücksichtigen diese häufig lediglich graue Strahlungseigenschaften eines homogenen, isothermen Mediums. Zur Berechnung des Strahlungswärmeaustauschs in realen Anwendungsfällen müssen daher numerische Lösungsverfahren verwendet werden. Diese lassen sich prinzipiell in differentielle Verfahren, Zonenverfahren und statistische Verfahren unterteilen.

Bei den diskreten Verfahren findet die Auflösung der Richtungsabhängigkeit der Strahlungsintensität in diskreten Raumwinkeln statt. Die Strahlungstransportgleichung wird demnach für eine bestimmte, feste Anzahl an Raumrichtungen gelöst und es ergibt sich ein Gleichungssystem partieller Differentialgleichungen. Die Abhängigkeit der Intensität von den Raumwinkeln ist somit von der örtlichen und spektralen Abhängigkeit entkoppelt. Eine Verbesserung der Genauigkeit der diskreten Lösungsverfahren hinsichtlich der Auflösung der Raumwinkelabhängigkeit wird durch die Erhöhung der Anzahl an Raumrichtung erreicht.

Die Discrete-Ordinates Methode wurde von Chandrasekhar (1960) ursprünglich zur Berechnung der Strahlung von Sternen entwickelt, ist mittlerweile jedoch auch bei der Berechnung der Wärmeübertragung durch Strahlung ein verbreitetes Lösungsverfahren. Die Arbeiten von Fiveland (1984, 1987)und Truelove (1987, 1988) gelten hier als grundlegend. Die Aufteilung in die jeweiligen Raumwinkelbereiche wird mittels geeigneter Quadraturschemata durchgeführt (siehe z.B. Koch (1992)). Betrachtet man eine einzige Strahlungsrichtung, so kann es bei einem zu groben Rechengitter entlang dieser Richtung zu einer Aufweitung des Strahls kommen (numerische Diffusion). Dieser Effekt führt zu einer Lösung, die eine höhere Streuung im Medium vermuten lässt als dies tatsächlich der Fall ist. Man spricht daher auch von falscher Streuung. Diese kann durch eine räumliche Verfeinerung des Rechengitters verringert werden. Betrachtet man eine Strahlungsquelle, ausgehend von der sich die Strahlung im Raum ausbreitet, so können sich in großer Entfernung die diskreten Raumrichtungen weit von einander entfernen. Hierdurch ist es möglich, dass zwischen den Richtungsvektoren gelegene Rechenelemente keine Strahlungsintensität von der betrachteten Quelle erhalten. Dieses unphysikalische Phänomen wird als Ray-Effekt bezeichnet und kann durch eine Erhöhung der diskreten Raumrichtungen, insbesondere nach einer Verfeinerung der räumlichen Diskretisierung, verringert werden. Chai u. a. (1993) und Coelho (2002) geben jeweils einen Überblick über den Einfluss des Ray-Effekts und der falschen Streuung auf die Genauigkeit unterschiedlicher Discrete-Ordinates Verfahren. Raithby (1999) stellt einen Vergleich zwischen Discrete-Ordinates Verfahren mit Finite Volumen Verfahren an.

Im Gegensatz zu den differentiellen Verfahren ergibt sich bei den Zonenverfahren und den statistischen Verfahren die Raumwinkelauflösung nicht durch eine festgelegte Anzahl an Raumrichtungen entlang derer die Strahlungstransportgleichung gelöst wird, sondern durch eine entsprechende räumliche Unterteilung bei den Zonenverfahren und eine zufällige Verteilung bei den statistischen Verfahren.

Bei der von Hottel und Cohen (1958) entwickelten Zonen-Methode werden die betrachteten Oberflächen und der Gasvolumina in Zonen homogener Temperaturverteilung sowie Zusammensetzung und Strahlungseigenschaften unterteilt. Die Zonen werden dann untereinander durch Bilanzierung der Energie miteinander in Verbindung gesetzt. Zur Bestimmung des Strahlungsaustauschs unter zwei solcher Zonen werden unter Berücksichtigung der Emission und Abschwächung zwischen den Zonen Austauschfaktoren ermittelt. Somit ergibt sich ein nichtlineares algebraisches Gleichungssystem für die zu ermittelnden Strahlungswärmeströme. Durch Unterteilung des Rechengebietes in eine sehr große Anzahl an Zonen erhöht sich die Genauigkeit der Berechnungsmethode, geht jedoch mit einer gleichzeitigen Erhöhung der benötigten Speicherkapazitäten einher.

Durch die Art des Übertragungsmechanismus thermischer Strahlung unter der Modellvorstellung einzelner Photonen liegt es nahe, eine Lösungsmethode für das Strahlungstransportproblem zu entwickeln, welche sich diesen Charakter zu Nutze macht. Die Strahlungsenergie bewegt sich nach der Modellvorstellung in Form einzelner diskreter Photonen auf geradlinigen Strahlungswegen durch den Raum und wird dabei allmählich abgeschwächt. Treffen die Photonen auf Oberflächen, so kommt es dort zu einer Interaktion, was eine teilweise oder vollständige Absorption der Strahlungsenergie und eine entsprechende Reflexion der Strahlungsenergie zur Folge hat. Zudem kann es innerhalb des strahlungsaktiven Mediums zu Streuungseffekten kommen, durch welche sich die Richtung des Strahlungsweges der jeweiligen Photonen ändert. Solche statistischen Ansätze zum Lösen der Strahlungstransportgleichung wurden bereits in den 1960er von Howell und Perlmutter (1964); Howell (1968) für die Berechnung des Strahlungsaustauschs zwischen grauen Wänden und unter Berücksichtigung von einem grauen Medium vorgeschlagen. Um angemessene Rechenzeiten zu erreichen wird die Komplexität der untersuchten Systeme bei statistischen Verfahren jedoch immer von der verfügbaren Rechenleistung begrenzt. Mit den schnell ansteigenden Rechenleistungen moderner Computer gewinnen statistische Methoden zur Berechnung des Strahlungswärmeaustauschs auch in ingenieursmäßigen Anwendungen immer mehr an Bedeutung. Modest (1992) erweiterte die Monte-Carlo Methode hinsichtlich der Berücksichtigung des spektralen Charakters der Gasstrahlung mittels eines Statistical-Narrow-Band Ansatzes. Dieser wird auch von Liu und Tiwari (1994) zur Berechnung des Strahlungswärmeaustauschs in einer eindimensionalen Geometrie verwendet. Cherkaoui u. a. (1996) formulieren ein Monte-Carlo Verfahren welches zudem den Nettostrahlungsaustausch der einzelnen Photonen berücksichtigt. Weitere Betrachtungen wurden von Farmer und Howell (1994) hinsichtlich des Strahlungstransport mittels Monte-Carlo Methode in inhomogenen Medien unter Verwendung eines Wide-Band Ansatzes angestellt. Howell (1998) gibt einen allgemeinen Überblick über die Entwicklung der Monte-Carlo Methode zur Beschreibung des Strahlungstransports bis in das Jahr 1998. Zur Untersuchung der Wärmeabgabe durch Strahlung in turbulenten Diffusionsflammen verwendet Snegirev (2004) ein Monte-Carlo Verfahren mit einem gewichteten Graugasmodell und koppelt diese mit einem CFD-Löser. Wang u. a. (2007) berücksichtigen die spektralen Eigenschaften mittels k-Verteilung. In weiteren Arbeiten von Wang und Modest (2006, 2007); Wang u. a. (2008) wird ein Monte-Carlo Strahlungsverfahren mit Partikel PDF-Verfahren zur Berechnung des Strömungsfeldes kombiniert.

Diesen Methoden liegt die Annahme zugrunde, dass sich Strahlungsenergie in Form einzelner Energiebündel im Raum ausbreitet. Diese werden mit geeigneten Ray-Tracing-

Algorithmen im Raum verfolgt und entsprechend der zugrunde gelegten Absorptionsmodelle im Medium abgeschwächt bis ein Absorptionsort ermittelt ist oder die Energiebündel das Rechengebiet verlassen. Der Emissionsort sowie die Raumrichtung und Wellenlänge der Emission wird für jedes einzelne Energiebündel unter der Verwendung von Zufallszahlen ermittelt. Jedes Energiebündel besitzt entsprechend dem thermodynamischen Zustand am Ort der Emission und der festgelegten Wellenlänge einen differenziell kleinen Energiegehalt. Dieser unterscheidet sich vom Energiegehalt der quantenmechanischen Photonen, $hc\omega$, und wird je nach eingesetzter Berechnungsmethode entweder direkt an den Ort der Absorption übertragen oder über die zurückgelegte Wegstrecke allmählich absorbiert. Die Genauigkeit der Lösungsverfahren wird somit direkt von der Anzahl der berücksichtigten Energiebündel bestimmt. Durch die Verfolgung einer sehr großen Anzahl an Energiebündeln ist es daher möglich einer exakten Lösung nahe zu kommen. Ein weiterer Vorteil der statistischen Methoden ist deren uneingeschränkte Anwendbarkeit auf komplexe Geometrien. Im Vergleich zu konventionellen (analytische, diskrete) Berechnungsverfahren können hoch komplexe Problemstellungen mit vergleichsweise geringem Aufwand beschrieben werden. Ein schematischer Vergleich zwischen Monte Carlo Berechnungsverfahren und konventionellen Berechnungsverfahren ist in Abb. 3.8[1] dargestellt.

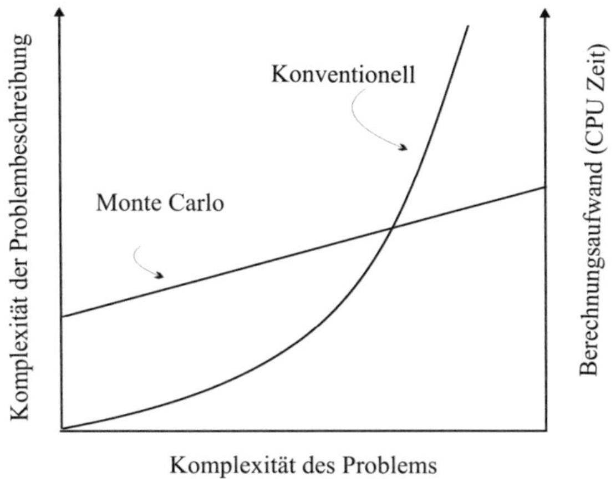

Abbildung 3.8: Vergleich zwischen Monte Carlo und konventionellen Berechnungsverfahren.

Einfache Beispiele können analytisch exakt schneller gelöst werden, als dies mit einem

[1] Quelle: Modest (2003)

Monte Carlo Verfahren möglich wäre. Mit zunehmender Komplexität der Probleme steigt für konventionelle Verfahren die Komplexität der Problembeschreibung sowie der Berechnungsaufwand sehr schnell an. Zum Lösen sehr komplexer Problemstellungen können Monte Carlo Verfahren bevorzugt werden. Eine allgemeingültige Angabe ab wann Monte Carlo Verfahren zu verwenden sind kann im Vorhinein leider nicht getroffen werden.

Zur Simulation verbrennungstechnischer Anwendungen müssen die verwendeten Rechengitter so erstellt werden, dass die erreichte Gitterauflösung eine numerische Berechnung der meist turbulenten Strömungs- und Verbrennungsprozesse gestattet. Hierzu ist lokal eine feine örtliche Auflösung des Rechengebietes notwendig. Die zur Bestimmung der Strahlungseigenschaften notwendigen Spezieskonzentrationen können jedoch häufig über größere örtliche Bereiche als konstant angesehen werden. Die Lösung des Strahlungstransports erfolgt daher häufig auf gröberen Gittern als die Lösung des Strömungsfeldes.

4 Modellierung des Strahlungswärmeaustauschs

Wie im vorangegangenen Kapitel angesprochen, wird in der vorliegenden Arbeit das Monte Carlo Prinzip zur Berechnung des Strahlungstransports verwendet. In diesem Kapitel werden der grundlegende Ansatz erläutert und der entwickelte Lösungsalgorithmus vorgestellt. In einer umfangreichen Zusammenfassung zeigt Howell (1998) die Entwicklung der Monte Carlo Methode hinsichtlich ihrer Anwendbarkeit bei verschiedenen Strahlungsübertragungsproblemen. Eine ausführliche Herleitung des gesamten Verfahrens gibt Modest (2003). Für ein zweidimensionales Berechnungsverfahren geben Yang u. a. (1995) einen umfassenden Überblick über die Grundlagen und die Entwicklung des von ihnen verwendeten Verfahrens.

Allgemein lässt sich der Strahlungsquellterm für ein Element wie folgt darstellen.

Oberflächenelemente

$$Q_i = \varepsilon_i \sigma T_i^4 A_i - \sum_{j=1}^{J} \varepsilon_j \sigma T_j^4 A_j F_{j\to i} - \sum_{l=1}^{L} 4\kappa_l \sigma T_l^4 V_l F_{l\to i} - Q_{ext} F_{s\to i} \tag{4.1}$$

Volumenelemente

$$Q_k = 4\kappa_k \sigma T_k^4 V_k - \sum_{j=1}^{J} \varepsilon_j \sigma T_j^4 A_j F_{j\to k} - \sum_{l=1}^{L} 4\kappa_l \sigma T_l^4 V_l F_{j\to k} - Q_{ext} F_{s\to k} \tag{4.2}$$

Jeweils die ersten Terme auf der rechten Seite entsprechen der Gesamtemission des betrachteten Oberflächenelementes i bzw. Volumenelementes k. Der zweite Term entspricht jeweils dem im betrachteten Element absorbierten Anteil der von allen umliegenden Oberflächenelementen J emittierten Strahlungswärme. Der dritte Term beschreibt entsprechend die Absorption der Strahlungswärme aus allen umliegenden Volumenelementen L. Sowohl im Fall der Oberflächenelemente als auch für Volumenelemente wird durch die Bildung der Summen über alle Elemente sichergestellt, dass auch eine mögliche Selbstabsorption berücksichtigt wird. Die Faktoren $F_{a\to b}$ stellen generelle

Austauschfaktoren zwischen den einzelnen Elementen dar, die den jeweils ausgetauschten Strahlungswärmeanteil beschreiben. Diese gilt es mittels eines geeigneten Berechnungsverfahrens zu ermitteln. Die dritten Terme auf der rechten Seite stellen in beiden Gleichungen mögliche Absorption von Strahlungswärme ausgehend von externen Wärmequellen dar. Im Rahmen dieser Arbeiten seien diese hier erwähnt, werden im Folgenden jedoch nicht weiter berücksichtigt.

4.1 Monte Carlo Ansatz

Die Monte Carlo Methode zum Lösen der Strahlungstransportgleichung basiert auf der Annahme, dass sich die Strahlungsenergie in Form einer großen Anzahl einzelner Energiebündel im Raum in zufällig ermittelten Raumrichtungen und bei zufällig ermittelter Wellenlänge ausbreitet. Jedes Bündel besitzt dabei einen differentiellen Energieinhalt welcher in Abhängigkeit des lokal vorherrschenden thermodynamischen Zustandes und der Strahlungseigenschaften ermittelt wird. Für die Emission von Oberflächen lässt sich der Energiegehalt eines Energiebündels

$$\Delta E_i = n^2 \varepsilon_i \sigma T_i^4 \frac{A_i}{N_{A,i}} \tag{4.3}$$

aus dem Brechungsindex n, der Emissivität ε_i, der Stefan-Boltzman Konstanten σ, der Temperatur T_i und der Fläche A_i des betrachteten Oberflächenelementes ermitteln. Mit $N_{A,i}$ wird die Gesamtanzahl der Energiebündel ausgehend von dem betrachteten Oberflächenelement berücksichtigt. Analog zu Gleichung 4.3 wird der Energiegehalt der volumetrisch emittierten Energiebündel gemäß

$$\Delta E_i = 4n^2 \kappa_i \sigma T_i^4 \frac{V_i}{N_{V,i}}, \tag{4.4}$$

aus dem Brechungsindex n, dem Absorptionskoeffizienten κ_i, der Stefan-Boltzman Konstanten σ, der Temperatur T_i und dem Volumen V_i des emittierenden Elementes ermittelt. $N_{V,i}$ ist wiederum die Anzahl der emittierten Energiebündel. Die Vorgabe einer konstanten Anzahl $N_{A,i}$ bzw. $N_{V,i}$ an emittierten Strahlen für alle Elemente ist nicht zweckmäßig, da dadurch sehr energiereiche und sehr energiearme Strahlen in unverhältnismäßiger Anzahl vorliegen würden. Es werden vielmehr Funktionen zur Ermittlung der Strahlenanzahl benötigt, welche der Verteilung der Strahlungsleistung gerecht werden. Des Weiteren sollten bei der Berechnung der zu verfolgenden Energiebündel die jeweiligen Elementgrößen A_i bzw. V_i berücksichtigt werden.

Unter Vorgabe einer zu emittierenden Gesamtanzahl an Energiebündeln $N_{A,max}$ bzw. $N_{V,max}$ (vgl. auch Snegirev (2003)) ergibt sich die jeweils zu emittierende Anzahl an Energiebündeln für Oberflächen- bzw. Volumenelemente zu

$$N_{A,i} = N_{A,max} \frac{\varepsilon_i \left(T_i^4 - T_0^4\right) A_i}{\sum_i \varepsilon_i \left(T_i^4 - T_0^4\right) A_i} \quad \text{bzw.} \quad N_{V,i} = N_{V,max} \frac{\kappa_i \left(T_i^4 - T_0^4\right) V_i}{\sum_i \kappa_i \left(T_i^4 - T_0^4\right) V_i} \tag{4.5}$$

Die vorgegebenen Gesamtanzahlen werden je nach untersuchtem Fall angepasst und werden von der Größe und Komplexität des Rechengebietes beeinflusst. Mit der Temperatur T_0 wird eine Mindesttemperatur festgelegt, ab welcher Energiebündel emittiert werden. Sofern über die Temperatur tabellierte Strahlungseigenschaften verwendet werden, sollte T_0 die Mindesttemperatur der Tabelle nicht unterschreiten. Die Anzahl der pro Element emittierten Energiebündel ist somit in heißen Bereichen, in denen in Verbrennungssystemen üblicherweise ebenfalls hohe Konzentration an CO_2 und H_2O vorherrschen, groß und die Anzahl an Energiebündel in kalten Bereichen bleibt gering. Prinzipiell ist eine Bestimmung der Anzahl der zu emittierenden Strahlen auch mittels der Konzentration der strahlungsaktiven Gase möglich, hierbei werden jedoch die Temperatur sowie die Strahlungseigenschaften im betrachteten Element nicht berücksichtigt.

4.2 Emissionsort, Emissionsrichtung, Emissionswellenlänge

Die im Folgenden als Zufallszahlen bezeichneten Zahlen sind sog. Pseudozufallszahlen, die mit einem Pseudozufallszahlengenerator für jede benötigte Rechenoperation deterministisch generiert werden. Unter deterministisch versteht man in diesem Zusammenhang, dass der Algorithmus, mit dem die Zahlen ermittelt werden, bei gleichen Startwerten immer die gleiche Zahlenfolge errechnet. Die hier benötigten Zufallszahlen werden so berechnet, dass sie jeweils einen Wert im Intervall $0 \leq R \leq 1$ annehmen. Sie werden im Verlauf der Berechnungen erst wenn sie benötigt werden ermittelt und nicht in einer Liste abgelegt. Als Startwerte werden zu Beginn jedes Durchlaufes zwei fünfstellige Zahlen aus dem aktuellen Datum und der Uhrzeit bestimmt.

4.2.1 Bestimmung des Emissionsortes

Jedes Energiebündel wird von einem zufällig ermittelten Ort im Rechengebiet aus emittiert. Hierzu ist es vorstellbar, dass zunächst die Koordinaten des Emissionsortes zufällig ermittelt werden und anschließend überprüft wird, welches Kontrollelement diesen Punkt beinhaltet. Dieses Vorgehen hat jedoch unmittelbar zur Folge, dass für jedes Energiebündel zunächst ein rechenzeitintensiver Suchalgorithmus gestartet werden muss, bevor das eigentliche Ray-Tracing Verfahren gestartet wird. Hinsichtlich der zur Modellierung von technischen Verbrennungsproblemen zu erwartenden hohen Anzahl an Strahlen wird diese Vorgehensweise in der vorliegenden Arbeit jedoch nicht umgesetzt. Um die numerische Abarbeitung der Strahlenverfolgung zu vereinfachen und hinsichtlich der in dieser Arbeit verwendeten Art der Parallelisierung des Berechnungsprogramms werden die einzelnen Oberflächen- bzw. Volumenelemente nacheinander abgearbeitet. Hierzu ist dann lediglich die Lokalisierung der Emissionsorte innerhalb der jeweiligen Elemente notwendig. Unter Verwendung eines lokalen Koordinatensystems (vgl. Abbildung 4.1) innerhalb der einzelnen Elemente kann der Ortsvektor eines Startpunktes $\vec{P}_{start}$ auf einem dreieckigen Oberflächenelement wie folgt dargestellt werden

$$\vec{P}_{start} = \vec{P}_1 + r\left(\vec{P}_2 - \vec{P}_1\right) + s\left(\vec{P}_3 - \vec{P}_1\right) \tag{4.6}$$

Mit der Bedingung

$$0 \leq r \leq 1 \quad 0 \leq s \leq 1 \quad r + s \leq 1 \tag{4.7}$$

ist der Emissionsort innerhalb des betrachteten Dreiecks eindeutig bestimmbar. Die Werte für r und s werden für jedes Energiebündel einzeln zufällig ermittelt.

Mit dieser Methode lässt sich der Startpunkt auf einem Flächenelement sehr schnell und eindeutig bestimmen. In dieser Arbeit werden daher quaderförmige Oberflächenelemente jeweils in zwei Dreiecke unterteilt. Gleichermaßen muss in jedem Volumenelement ein Emissionsort festgelegt werden. Für tetraederförmige Elemente geschieht dies analog zur Bestimmung des Emissionsortes auf einem Oberflächenelement

$$\vec{P}_{start} = \vec{P}_1 + r\left(\vec{P}_2 - \vec{P}_1\right) + s\left(\vec{P}_3 - \vec{P}_1\right) + t\left(\vec{P}_4 - \vec{P}_1\right) \tag{4.8}$$

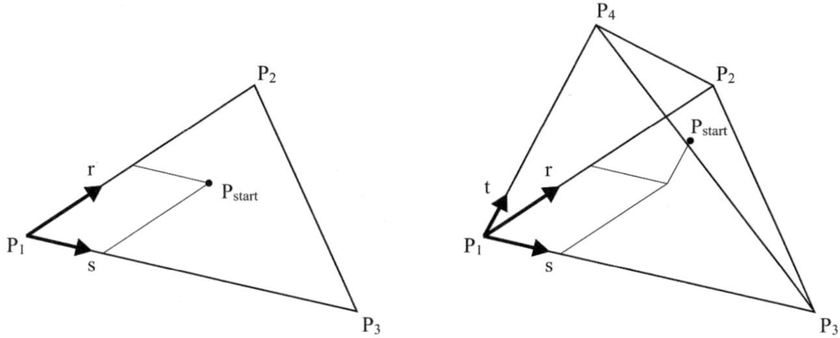

Abbildung 4.1: Bestimmung der Emissionsorte auf Dreiecken und in Tetraedern

jedoch unter Berücksichtigung eines vierten Eckpunktes und einer dritten lokalen Koordinate t. Weiterhin gilt in diesem Fall

$$0 \leq r \leq 1 \quad 0 \leq s \leq 1 \quad 0 \leq t \leq 1 \quad r+s+t \leq 1 \tag{4.9}$$

Die Vorgehensweise zur Bestimmung der Emissionsorte innerhalb hexaederförmiger Elemente wird mit der Verwendung von Gewichtungsfunktionen realisiert. Diese lauten für ein beliebiges Hexaeder (vgl. Abb. 4.2)

$$\begin{aligned}
W(1) &= (1.0-s)\ (1.0-t)\ (1.0-r) & W(2) &= s\ (1.0-t)\ (1.0-r) \\
W(3) &= (1.0-s)\ (1.0-t)\ r & W(4) &= s\ (1.0-t)\ r \\
W(5) &= (1.0-s)\ t\ (1.0-r) & W(6) &= s\ t\ (1.0-r) \\
W(7) &= (1.0-s)\ t\ r & W(8) &= s\ t\ r
\end{aligned} \tag{4.10}$$

wobei $0 \leq s, t, r \leq 1$ gilt. Der Ortsvektor zum Startpunkt lautet dann

$$\vec{P}_{start} = \vec{P}_1 + \sum_{i=1}^{8} \left[W(i) \left(\vec{P}_i - \vec{P}_1 \right) \right] \tag{4.11}$$

Auch im Falle der dreidimensionalen Elemente werden die lokalen Koordinaten für jedes Energiebündel zufällig ermittelt.

4.2.2 Bestimmung der Emissionsrichtung

Nachdem mit dem beschrieben Verfahren ein Emissionsort festgelegt wurde, muss als nächstes die Richtung bestimmt werden, in welche das Energiebündel emittiert wird.

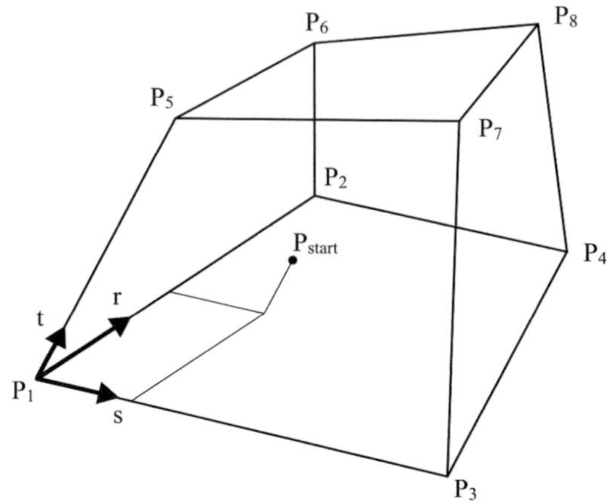

Abbildung 4.2: Bestimmung der Emissionsorte in Hexaedern

Diese lässt sich über die bereits in Abbildung 3.2 veranschaulichten Polarwinkel Ω und Azimutalwinkel Ψ eindeutig bestimmen. Im Falle der Oberflächenemission wird die Emissionsrichtung zweckmäßigerweise direkt in Abhängigkeit von der in das Rechengebiet gerichteten Flächennormalen angegeben. Somit wird verhindert, dass die Emissionsrichtung des Energiebündels aus dem Rechengebiet hinaus zeigt, und die Rechenoperationen wiederholt werden müsste. In Abb. 4.3 ist eine Skizze mit allen, zur Berechnung der Emissionsrichtung von Oberflächen notwendigen Winkeln dargestellt. Die dargestellte Ebene skizziert die Oberfläche, auf welcher sich die Geraden in Richtung $\vec{r}$ und $\vec{s}$ befinden. Die Geraden schneiden sich in einem Winkel ϑ. Senkrecht auf die Wand steht die Flächennormale $\vec{n}$, die sich mit den Geraden $\vec{r}$ und $\vec{s}$ in einem gemeinsamen Punkt auf der Ebene schneidet. Die Emissionsrichtung $\vec{s}_{em}$ schließt mit der Flächennormalen den Polarwinkel Ω ein, die Projektion von $\vec{s}_{em}$ auf der Ebene schneidet sich mit $\vec{r}$ unter dem Azimutalwinkel Ψ.

Für ein Oberflächenelement ergibt sich in Abhängigkeit der gerichteten, spektralen Oberflächenemissivität $\varepsilon_\lambda^{'}$ die gesamte spektrale Strahlungsleistung aus

$$E_\lambda = \frac{E_{b,\lambda}}{\pi} \int_0^{2\pi} \int_0^{\pi/2} \varepsilon_\lambda^{'} cos\Omega \; sin\Omega \; d\Omega d\Psi \tag{4.12}$$

Wird die Strahlungsleistung nur bis zu einen bestimmten Winkel Ψ betrachtet, so muss die Integration entsprechend nicht bis 2π sondern lediglich bis Ψ durchgeführt werden.

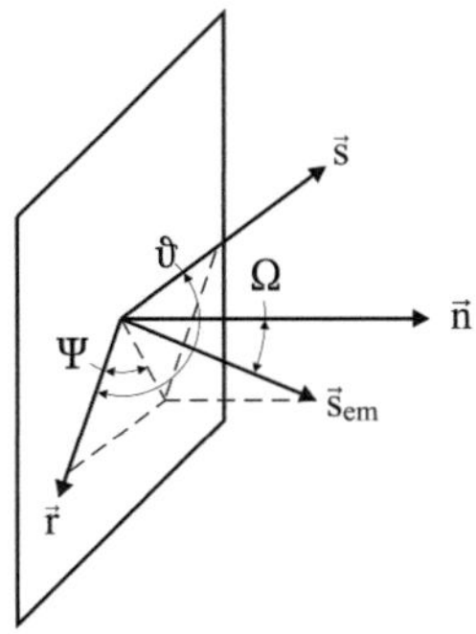

Abbildung 4.3: Definition der Winkel zur Bestimmung der Emissionsrichtung von Oberflächen

Es kann dann das Verhältnis aus spektraler Strahlungsleistung im Raum bis Ψ und gesamter spektraler Strahlungsleistung

$$R_\Psi = \frac{\frac{E_{b,\lambda}}{\pi}\int_0^\Psi \int_0^{\pi/2} \varepsilon_\lambda^{'} cos\Omega\ sin\Omega\ d\Omega d\Psi}{\frac{E_{b,\lambda}}{\pi}\int_0^{2\pi} \int_0^{\pi/2} \varepsilon_\lambda^{'} cos\Omega\ sin\Omega\ d\Omega d\Psi} = \frac{1}{\pi}\frac{E_{b,\lambda}}{E_\lambda}\int_0^\Psi \int_0^{\pi/2} \varepsilon_\lambda^{'} cos\Omega\ sin\Omega\ d\Omega d\Psi \quad (4.13)$$

gebildet werden. Unter Verwendung von Gleichung 3.7 nach der $\varepsilon_\lambda = \frac{E_\lambda}{E_{b,\lambda}}$ ist, ergibt sich

$$R_\Psi = \frac{1}{\pi}\frac{E_{b,\lambda}}{E_\lambda}\int_0^\Psi \int_0^{\pi/2} \varepsilon_\lambda^{'} cos\Omega\ sin\Omega\ d\Omega d\Psi = \frac{1}{\pi}\int_0^\Psi \int_0^{\pi/2} \frac{\varepsilon_\lambda^{'}}{\varepsilon_\lambda} cos\Omega\ sin\Omega\ d\Omega d\Psi \quad (4.14)$$

Mit der Annahme, dass die Emissivität $\varepsilon_\lambda = 2\int_0^{\pi/2} \varepsilon_\lambda^{'} cos\Omega\ sin\Omega\ d\Omega$ unabhängig von Ψ ist, muss die Integration über den Azimutalwinkel lediglich für

$$R_\Psi = \frac{1}{\pi}\int_0^\Psi \frac{\varepsilon_\lambda/2}{\varepsilon_\lambda} d\Psi \quad (4.15)$$

durchgeführt werden. Nach Integration und Auflösen nach Ψ ergibt sich der Azimutalwinkel

$$\Psi = 2\pi R_\Psi \quad (4.16)$$

in Abhängigkeit der Zufallszahl R_Ψ.

Nachdem der Azimutalwinkel bestimmt ist, muss zur eindeutigen Bestimmung der

Emissionsrichtung noch der Polarwinkel ermittelt werden. Hierzu wird für das Verhältnis

$$R_\Omega = \frac{\frac{E_{b,\lambda}}{\pi}\int_0^{2\pi}\int_0^{\Omega}\varepsilon_\lambda' cos\Omega\ sin\Omega\ d\Omega d\Psi}{\frac{E_{b,\lambda}}{\pi}\int_0^{2\pi}\int_0^{\pi/2}\varepsilon_\lambda' cos\Omega\ sin\Omega\ d\Omega d\Psi} = \frac{\int_0^{2\pi}\int_0^{\Omega}\varepsilon_\lambda' cos\Omega\ sin\Omega\ d\Omega d\Psi}{\int_0^{2\pi}\int_0^{\pi/2}\varepsilon_\lambda' cos\Omega\ sin\Omega\ d\Omega d\Psi} \tag{4.17}$$

zunächst die Integration über Ψ durchgeführt. Der Polarwinkel ergibt sich dann aus

$$R_\Omega = \frac{\int_0^{\Omega}\varepsilon_\lambda' cos\Omega\ sin\Omega\ d\Omega}{\int_0^{\pi/2}\varepsilon_\lambda' cos\Omega\ sin\Omega\ d\Omega} \tag{4.18}$$

nach Integration[1] und Umformung zu

$$\Omega = sin^{-1}\sqrt{R_\Omega} \tag{4.19}$$

für diffus emittierende Oberfläche.

Nehmen die Variablen R_Ψ und R_Ω Werte zwischen 0 und 1 an so können die Emissionswinkel Ψ und Ω eindeutig bestimmt werden. Unter Verwendung der lokalen Koordinatenachsen $\vec{r} = \vec{P}_2 - \vec{P}_1$ und $\vec{s} = \vec{P}_3 - \vec{P}_1$, die sich unter dem Winkel ϑ schneiden, ist die Emissionsrichtung somit durch

$$\vec{s}_{em} = \frac{sin\Omega}{sin\vartheta}\left(sin\left(\vartheta - \Psi\right)\vec{r} + sin\Psi\ \vec{s}\right) + cos\Omega\ \vec{n} \tag{4.20}$$

gegeben. $\vec{n}$ ist hierin der Richtungsvektor der Flächennormalen und zeigt per Definition in das Rechengebiet.

Im Falle der Emission aus einem Volumenelement können die Energiebündel in jede mögliche Raumrichtung $4\pi = \int_0^{2\pi}\int_0^{\pi} sin\Omega\ d\Omega d\Psi$ emittiert werden. Für die Emissionswinkel ergibt sich unter der Annahme, dass Polar- und Azimutalwinkel voneinander unabhängig sind

$$\Psi = 2\pi R_\Psi \tag{4.21}$$

und

$$\Omega = cos^{-1}\left(1 - 2R_\Omega\right) \tag{4.22}$$

Gemäß der in Abbildung 3.2 definierten Beziehung der Emissionswinkel zu dem globalen Koordinatensystem x, y, z ist die Emissionsrichtung somit:

$$\vec{s}_{em} = sin\Omega\left(cos\Psi\ \vec{x} + sin\Psi\ \vec{y}\right) + cos\Omega\ \vec{z} \tag{4.23}$$

[1] $\int_0^{\Omega} cos\Omega\ sin\Omega\ d\Omega = \frac{1}{2}sin^2\Omega$

4.2.3 Bestimmung der Emissionswellenlänge

Nachdem Ort und Richtung der Emission ermittelt wurden, muss für den Fall dass eine spektrale Berechnung des Strahlungstransports erfolgen soll, jedem Energiebündel noch eine Wellenlänge zugeordnet werden, bei welcher es emittiert wird. Hierzu können kumulative Verteilungsfunktionen aus den spektralen Verteilungen der Strahlungseigenschaften der Oberflächen- bzw. Volumenelemente erstellt werden. Der Verlauf der Funktionen spiegelt deutlich die jeweilige Strahlungscharakteristik der unterschiedlichen Medien wieder. Für die Emissionswellenlänge von Oberflächenelementen gilt

$$R_\lambda = \frac{\int_0^\lambda \varepsilon I_{b\lambda} d\lambda}{\int_0^\infty \varepsilon I_{b\lambda} d\lambda} \tag{4.24}$$

Analog ergibt sich für die Emissionswellenlänge für Volumenelementen

$$R_\lambda = \frac{\int_0^\lambda \kappa_\lambda E_{b\lambda} d\lambda}{\int_0^\infty \kappa_\lambda I_{b,\lambda} d\lambda} \tag{4.25}$$

Zur Bestimmung der Emissionswellenlänge wird analog zur bisherigen Vorgehensweise ein zufälliger Wert $0 \leq R_\lambda \leq 1$ bestimmt. Anschließend wird zum Lösen der jeweiligen Gleichung die obere Grenze λ des Integrals im Zähler iterativ angepasst. Die so ermittelte obere Integrationsgrenze entspricht der Emissionswellenlänge.

Die Verteilungsfunktionen sind in Abbildung 4.4 dargestellt. Die Verteilungsfunktion der Oberflächenemissionswellenlänge hat einen stetigen Verlauf, was dem kontinuierlichen Verlauf der Strahlungsintensität des schwarzen Körpers entspricht. Die Verteilungsfunktion der Emissionswellenlänge für gasförmige Medien ist exemplarisch für ein Gasgemisch aus $c_{H_2O} = 2c_{CO_2}$ dargestellt. Der charakteristische Verlauf der spektralen Strahlungsbanden ist deutlich zu erkennen.

Werden die Energiebündel nun durch das Rechengebiet verfolgt, so werden diese entsprechend der Strahlungseigenschaften des betrachteten Mediums allmählich abgeschwächt. Für ein nicht streuendes Medium wird mit dem in Gleichung 3.14 definierten Absorptionsverhältnis

$$\alpha = 1 - \tau = 1 - exp\left[-\int_0^s \kappa_\lambda ds\right] \tag{4.26}$$

die Abschwächung der Strahlung entlang des Weges s, bei der Wellenlänge λ beschrieben. Der zurückgelegte Weg wird somit nur durch das vorherrschende Transmissions-

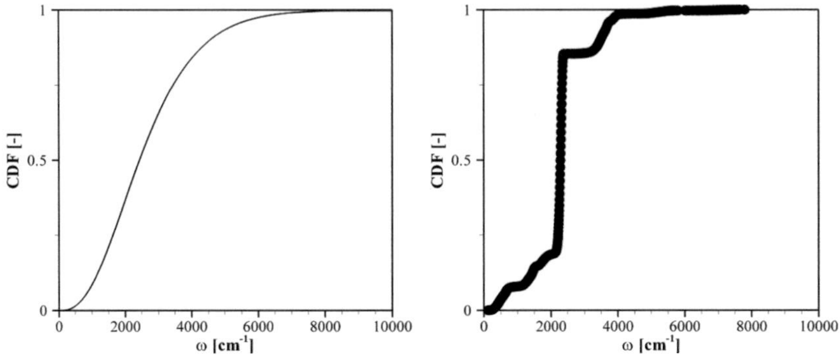

Abbildung 4.4: Exemplarische kumulative Verteilungsfunktionen der Emissionswellenlänge für Festkörper (links) und für Gase (rechts)

verhältnis bestimmt. Die Wahrscheinlichkeit, dass ein Energiebündel eine bestimmte Strecke innerhalb des Mediums zurücklegt lässt sich dann mittels:

$$R_s = exp\left[-\int_0^s \kappa_\lambda ds\right] \tag{4.27}$$

beschrieben.

Wird ein Medium mit einem global konstanten Absorptionskoeffizienten κ_λ betrachtet, kann die Strecke s, die ein Energiebündel innerhalb des Mediums zurücklegt bevor es vollständig absorbiert wird, direkt aus Gleichung 4.27 ermittelt werden:

$$R_s = exp\left[-\kappa_\lambda \int_0^s ds\right] = exp\left[-\kappa_\lambda \cdot s\right]$$

$$\Rightarrow ln\left(R_s\right) = -\kappa_\lambda \cdot s$$

Es folgt somit:

$$s = \frac{1}{\kappa_\lambda}\, ln \frac{1}{R_s} \tag{4.28}$$

Kann der Absorptionskoeffizient nicht als global konstant angenommen werden, so muss dessen Änderung entlang des Wege $\vec{s}$ berücksichtigt werden. Zur Berechnung des Transmissionsverhältnisses wird dazu das Integral durch eine Summe über die Volumenelemente dargestellt. Es wird davon ausgegangen, dass in den einzelnen Elementen der Absorptionskoeffizient $\kappa_{\lambda,i}$ als lokal konstant angenommen werden kann. Solange demnach die Bedingung

$$\sum_i \kappa_{\lambda,i} s_i < ln\frac{1}{R_s} \tag{4.29}$$

erfüllt ist, ist das Energiebündel nicht absorbiert und wird weiter verfolgt.

Im Rahmen dieser Arbeit wurden sowohl Berechnungen mit, als auch ohne Berücksichtigung der Wellenlängenabhängigkeit der Strahlungseigenschaften durchgeführt. Für die im Anschluss folgenden Berechnungen homogener, grau strahlender Medien vereinfacht sich Gleichung 4.27 weiter zu

$$R_s = exp\left[-\int_0^s \kappa ds\right] \tag{4.30}$$

da auf eine spektrale Betrachtung verzichtet werden kann.

Zur Berechnung des Strahlungsaustauschs in realen Flammen wurde ein Statistical-Narrow-Band Ansatz verwendet. Bei diesen Berechnungen muss für jedes Volumenelement die Transmissivität gemäß Gleichung 3.38 ermittelt werden. Folglich ist die bei diesem Verfahren benötigte Rechenzeit pro Zelle deutlich größer als im Falle der grauen Testfälle.

4.3 Strahlenverfolgung

Sind alle im vorangehenden Abschnitt angesprochenen Angaben ermittelt, kann nun jedes Energiebündel von einem zufällig ermittelten Ort innerhalb der Rechenelemente aus emittiert werden. Der entwickelte Ray-Tracing Algorithmus kann prinzipiell sowohl mit Tetraedergittern als auch Hexaedergitter betrieben werden. Ausgehend von einem mit dem Vernetzungsprogramm ICEM erstellten Rechengitters werden in einem Pre-Processing Schritt mittels des Strömungsberechnungsprogramms ANSYS CFX die Randbedingungen festgelegt. Das Gitter kann dann mit den zusätzlichen Informationen der Randbedingungen exportiert werden. Die Gitterinformationen werden anschließend so konvertiert, dass alle benötigten Konnektivitäten bestimmt werden können.

Die zu Beginn einer Berechnung zu exportierenden Geometrieinformationen sind:

- die kartesischen Koordinaten in m der einzelnen Gitterpunkte

- die Element / Knoten Zusammengehörigkeit gibt für jedes Volumenelement die Eckpunkte an
- unterteilen quaderförmiger Randelemente in dreieckige Elemente
- die Fläche / Knoten Zusammengehörigkeit gibt für jedes Flächenelement (Randelement) die Eckpunkte an
- die Fläche / Randbedingung Zusammengehörigkeit gibt für jedes Flächenelement die zugehörigen Randbedingungen an
- die Knoten / Knoten Zusammengehörigkeit gibt für den Fall periodischer Ränder die jeweils periodisch zusammengehörenden Knotennummern an

Die Daten werden mittels eines Hilfsprogramms in einem vorbereitenden Schritt einmal exportiert. Aus den Gitterinformationen werden vor dem Start der eigentlichen Berechnung des Strahlungsaustauschs die für das Strahlenverfolgungsprogramm notwendigen Zusammengehörigkeiten ermittelt. Da diese Prozedur bei großen Rechengittern einige Zeit in Anspruch nehmen kann werden die für ein Gitter bestimmten Konnektivitäten gespeichert und müssen somit jeweils nur einmal erstellt werden.

Während den Vorbereitungsschritten werden zur Bestimmung der Schnittpunkte mit den Elementseitenflächen alle vorhandenen Vierecke zunächst in Dreiecke unterteilt. Dies ermöglicht zur Ermittlung des Schnittpunkts auf der Fläche für jede Seitenfläche ein Vorgehen nach Gleichung 4.33. Danach wird für jedes Seitendreieck das zugehörige Nachbarelement ermittelt. Dies kann entweder ein weiteres Volumenelement oder aber ein Randelement sein. Mittels der so erhaltenen Information über den direkten Elementnachbarn pro Elementseitenfläche kann der Ray-Tracing Algorithmus die Elemente entlang der Strahlrichtung effizient nacheinander abarbeiten. Während der Strahlenverfolgung muss lediglich die entsprechende Seitenfläche ermittelt werden, auf der sich der Schnittpunkt mit dem aktuellen Strahl befindet. Ist dies geschehen wird die Strahlenverfolgung in dem vorher bestimmten Nachbarelement fortgesetzt.

Zur Bestimmung der Schnittpunkte der Strahlen mit den Seitenflächen wird wie zur Bestimmung der Startpunkte auf den Wandelementen ein lokales Koordinatensystem eingeführt. Alle in einem Dreieck mit den Eckpunkten $\vec{P}_1$, $\vec{P}_2$ und $\vec{P}_3$ enthaltenen Punkte $\vec{X}$ lassen sich dann mittels dieser lokalen Koordinaten darstellen. Es gilt:

$$\vec{X}(s,t) = (1-s-t)\cdot\vec{P}_1 + s\cdot\vec{P}_2 + t\cdot\vec{P}_3 \tag{4.31}$$

Durch Gleichsetzen mit der Geradengleichung des Strahles ergibt sich:

$$\vec{S} + q \cdot \vec{s} = (1 - s - t) \cdot \vec{P}_1 + s \cdot \vec{P}_2 + t \cdot \vec{P}_3 \tag{4.32}$$

$\vec{S}$ ist der Vektor zum Startpunkt im aktuellen Element, $\vec{s}$ die wie zuvor beschrieben ermittelte Emissionsrichtung. Durch Umformung erhält man weiter:

$$q \cdot (-\vec{s}) + s \cdot \underbrace{(\vec{P}_2 - \vec{P}_1)}_{\vec{a}} + t \cdot \underbrace{(\vec{P}_3 - \vec{P}_1)}_{\vec{b}} = \underbrace{\vec{S} - \vec{P}_1}_{\vec{c}} \tag{4.33}$$

Das so erhaltene lineare Gleichungssystem mit drei Gleichungen und den drei Unbekannten q, s und t wird mittels der Cramer'schen Regel gelöst.

$$q = \frac{D_1}{D}, \quad s = \frac{D_2}{D}, \quad t = \frac{D_3}{D} \tag{4.34}$$

mit den Determinanten D - D_3. Zur effizienten Berechnung der Determinanten läßt sich das Spatprodukt nach Bronstein u. a. (1999) gemäß

$$-(\vec{a} \times \vec{c}) \cdot \vec{b} = -(\vec{c} \times \vec{b}) \cdot \vec{a}$$

umformen. Hinsichtlich der Tatsache, dass die Berechnung des Schnittpunktes in jedem Element wenigstens einmal, bei einem hexaedrischen Element allerdings maximal zwölf mal durchgeführt werden muss, ist es daher von großem Vorteil, dass durch die Umformung maximal zwei Kreuzprodukte ermittelt werden müssen.

$$D = |-\vec{s}, \quad \vec{a}, \quad \vec{b}| \qquad D = (\vec{s} \times \vec{b}) \cdot \vec{a}$$

$$D_1 = | \quad \vec{c}, \quad \vec{a}, \quad \vec{b}| \qquad D_1 = (\vec{c} \times \vec{a}) \cdot \vec{b}$$

$$D_2 = |-\vec{s}, \quad \vec{c}, \quad \vec{b}| \qquad D_2 = (\vec{s} \times \vec{b}) \cdot \vec{c}$$

$$D_3 = |-\vec{s}, \quad \vec{a}, \quad \vec{c}| \qquad D_3 = (\vec{c} \times \vec{a}) \cdot \vec{s}$$

Durch die Berechnung des Schnittpunktes mit den Seitenflächen des Elementes wird zunächst die in Emissionsrichtung geometrisch zurückgelegte Strecke ermittelt. Diese kann als Schichtdicke interpretiert werden, womit die Transmissivität in der Rechenzelle zu bestimmen ist. Hat das Energiebündel bereits mehrere Rechenzellen durchschritten wird die Gesamttransmissivität aus dem Produkt aller Elementtransmissivitäten gebildet. Durch einen Vergleich mit der zufällig ermittelten Gesamttransmissivität wird bestimmt ob das Energiebündel absorbiert wurde. Ist dies nicht der Fall, so wiederholt sich die Prozedur im anschließenden Rechenelement, welches aus der Konnektivitäten-Liste bekannt ist. Diese Vorgehensweise ist sehr rechenzeitintensiv, was eine effiziente Abarbeitung der einzelnen Rechenoperationen notwendig macht.

Die Vorgehensweise zur Bestimmung der Schnittpunkte ist wie folgt. Zunächst werden $\vec{a}$ und $\vec{c}$ und das Kreuzprodukt $\vec{s} \times \vec{b}$ berechnet. Die Determinente D kann somit bestimmt werden. Gilt $D = 0$ so ist die Strahlgerade parallel zur betrachteten Ebene und die Berechnung für diese Seitenfläche kann abgebrochen werden. Ist dies nicht der Fall kann s bestimmt werden. Für Werte $s < 0 \vee 1 < s$ schneiden sich die Strahlgerade und die Ebene nicht innerhalb des betrachteten Dreiecks (Abbruch). Für $0 \leq s \leq 1$ wird die Berechnung fortgesetzt. Erst jetz müssen das zweite Kreuzprodukt $\vec{c} \times \vec{a}$ und t ermittelt werden. Die Strahlgerade schneidet die Ebene für Werte $t < 0 \wedge s + t < 1$ innerhalb des Dreiecks. Abschließend muss überprüft werden ob der Schnittpunkt in positiver Strahlrichtung liegt. Dies ist für $0 < q$ der Fall.

Verlässt ein Energiebündel das Rechengebiet über einen Ein- oder Auslass, so wird es nicht weiter verfolgt. Die Energie geht dem System somit verloren. Verlässt das Energiebündel das Rechengebiet über einen symmetrischen Rand, so wird es an der Symmetriefläche oder -achse reflektiert. Verlässt das Energiebündel das Rechengebiet über eine periodische Fläche, so wird es in dem entsprechenden periodisch verknüpften Element weiter verfolgt. Dieses wurde während der Vorbereitungsschritte ermittelt und in einer entsprechenden Liste abgelegt.

Trifft das Energiebündel auf eine Wand, so gibt es zwei mögliche Ereignisse. Entsprechend der lokalen Emissivität der Wand wird das Energiebündel entweder absorbiert oder reflektiert. In Abhängigkeit der Oberflächenbeschaffenheit wird das Energiebündel absorbiert, so lange die Bedingung

$$R_{\varepsilon} \leq \varepsilon \tag{4.35}$$

erfüllt ist. Ist dies nicht der Fall wird das Energiebündel diffus reflektiert. Die Reflexionsrichtung wird dabei entsprechend Gleichung 4.20 ermittelt und das Energiebündel wird weiter verfolgt.

Für den Fall, dass das Energiebündel im aktuellen Volumen- oder Flächenelement absorbiert wird, wird der Energieinhalt des Strahls unmittelbar zum Quellterm des Elements hinzuaddiert. Die gesamte Prozedur wird dann für alle weiteren zu verfolgenden Strahlen wiederholt.

Der Ablauf des entwickelten FORTRAN-Programms ist in den folgenden Abbildungen 4.5 bis 4.7 schematisch dargestellt.

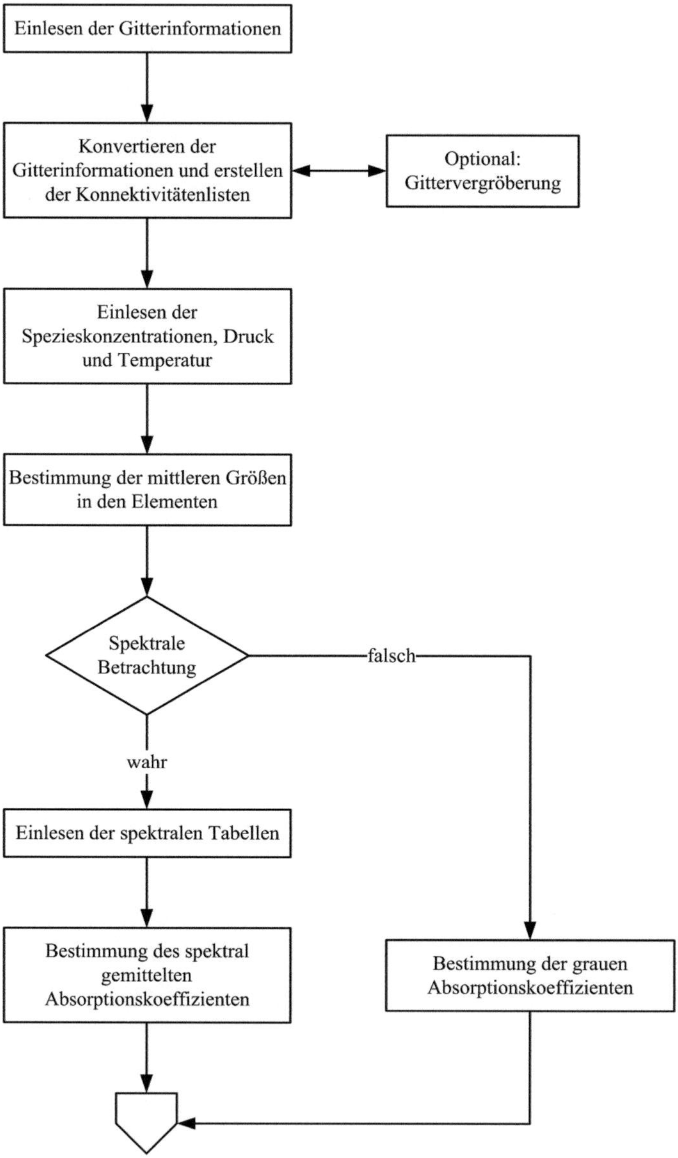

Abbildung 4.5: Flussdiagramm des FORTRAN-Programms zur Berechnung des Strahlungsaustauschs: vorbereitende Schritte.

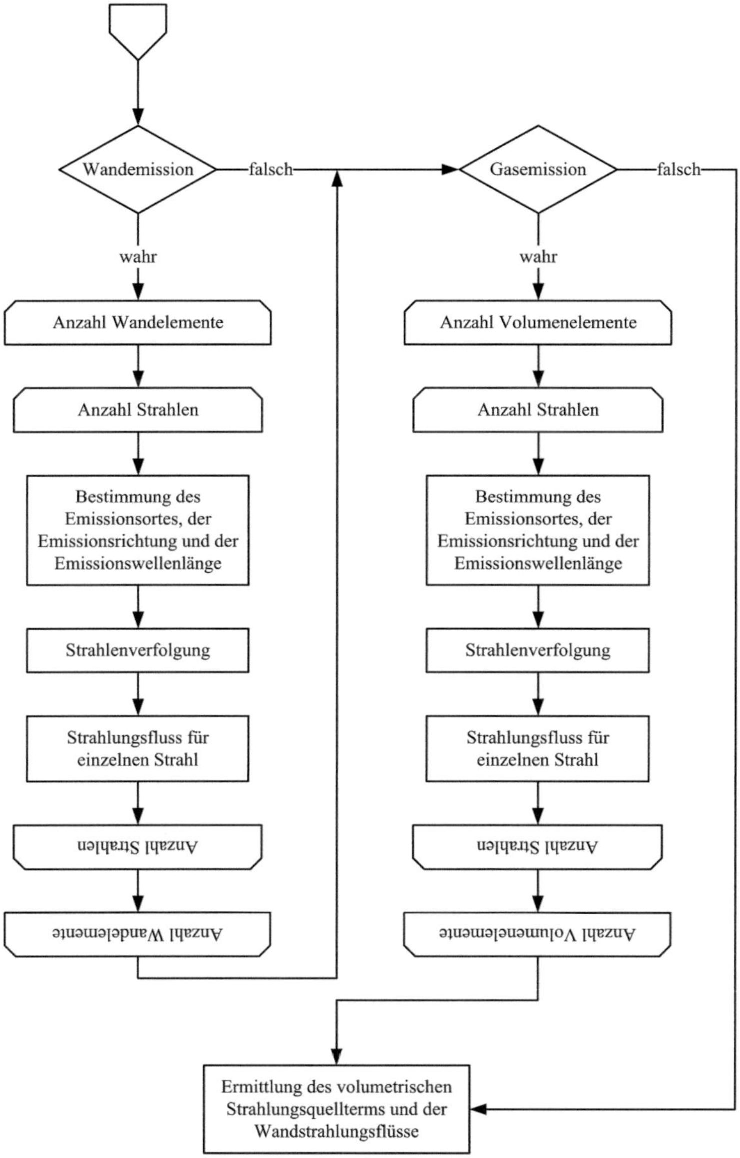

Abbildung 4.6: Flussdiagramm des FORTRAN-Programms zur Berechnung des Strahlungsaustauschs: Abarbeitung der einzelnen Elemente und Bestimmung der Strahlungsflüsse.

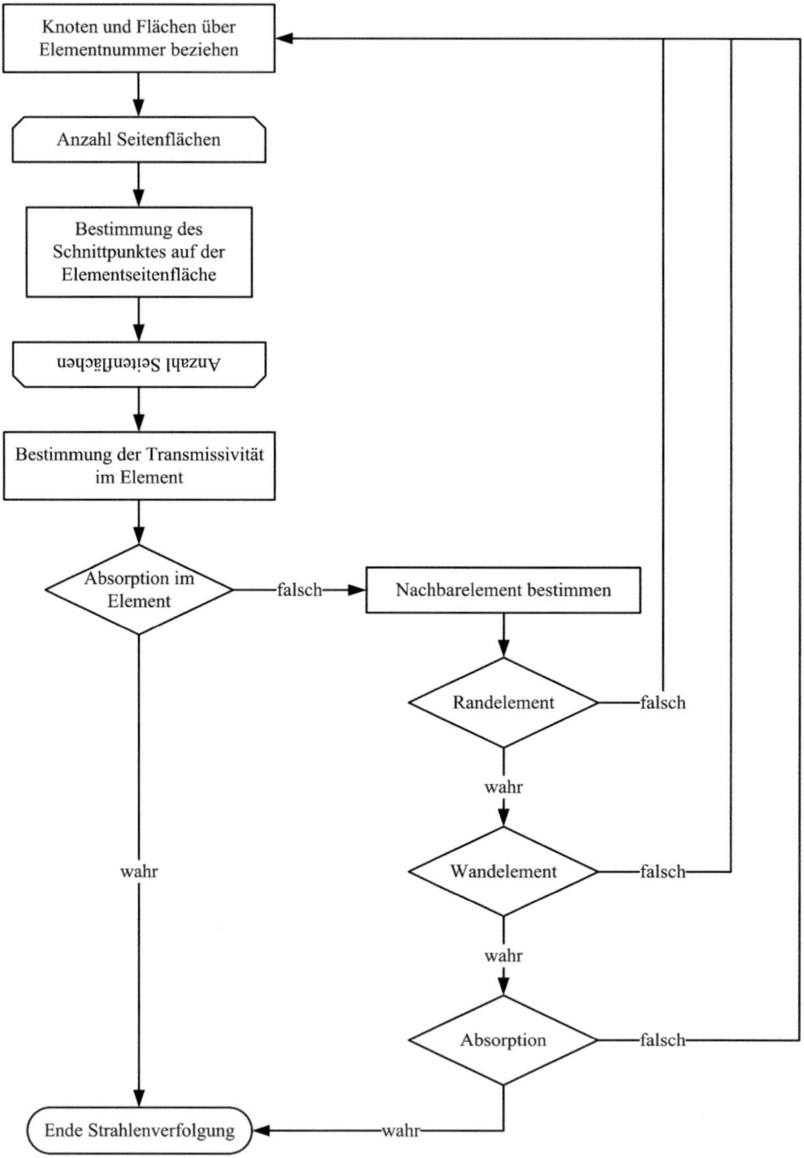

Abbildung 4.7: Flussdiagramm des FORTRAN-Programms zur Berechnung des Strahlungsaustauschs: Vorgehensweise bei der Strahlenverfolgung.

4.4 Effizienzsteigerung des Berechnungsverfahrens

Zur Steigerung der Effizienz des beschrieben Verfahrens werden in dieser Arbeit zwei unterschiedliche Methoden gemeinsam verwendet. Zum einen wird durch die Vergröberung des Rechengitters die Anzahl der Elemente und somit die notwendige Anzahl der zu bestimmenden Schnittpunkte während der Strahlenverfolgung verringert. Durch diese Maßnahme kann bereits eine erhebliche Reduzierung der Rechenzeit erreicht werden. Zweitens wird durch die Parallelisierung des Berechnungsverfahrens eine schnellere Abarbeitung der Strahlenverfolgung ermöglicht.

4.4.1 Gittervergröberung

Die Gitterauflösung der zur Strömungsberechnung verwendeten Rechengitter ist an die jeweiligen Strömungsprobleme angepasst. Um die zur Berechnung des Strahlungsaustauschs auf diesen Gittern benötigte Rechenzeit zu verringern, ist eine Vergröberung des CFD-Gitters vorstellbar. Im entwickelten Berechnungsverfahren können hierzu einzelne Elmente nacheinander zusammengefasst werden. Die Vergröberung der Rechengitter wird ausgehend von den angesprochenen Konnektivitäten-Listen erstellt und ist momentan auf ein Verhältnis der feinen zu den groben Zellen von 64 : 1 beschränkt. Das Verhältnis ergibt sich durch die seitenweise, nacheinander durchgeführte Zusammenfassung von maximal 2^6 Elementen.

Durch die Zusammenfassung der Elemente ohne gleichzeitige Berücksichtigung möglicher Konzentrations- oder Temperaturgradienten kann es in Bereichen starker Scherschichten zu einem leichten Verschmieren der Lösung kommen. Die jeweiligen Größen in den groben Elementen werden ermittelt, indem eine Mittelung der Werte auf allen sich in einem groben Element befindenden Knoten durchgeführt wird. Nachdem der Strahlungsaustausch berechnet wurde, wird die Lösung unter Verwendung der in Gleichung 4.10 dargestellten Wichtungsfaktoren wieder auf die Knoten des ursprünglichen Gitters interpoliert.

Um den Einfluss der Gittervergröberung auf die erhaltene Lösung zu untersuchen wurde der Strahlungsaustausch in einer zylindrischen Geometrie mit vorgegebener Temperaturverteilung und einem konstanten Absorptionskoeffizienten von $\kappa = 0.1m^{-1}$ sowohl auf einem feinen, als auch einem groben Gitter berechnet. Das feine Gitter hat dabei mit

38144 Elementen ungefähr achtmal so viele Elemente wie das grobe Gitter mit 4800 Elementen. Die vorgegebenen Temperaturverteilungen sowie die berechneten auf die Mantelfläche des Zylinders einfallenden Strahlungsflüsse sind in Abb. 4.8 dargestellt.

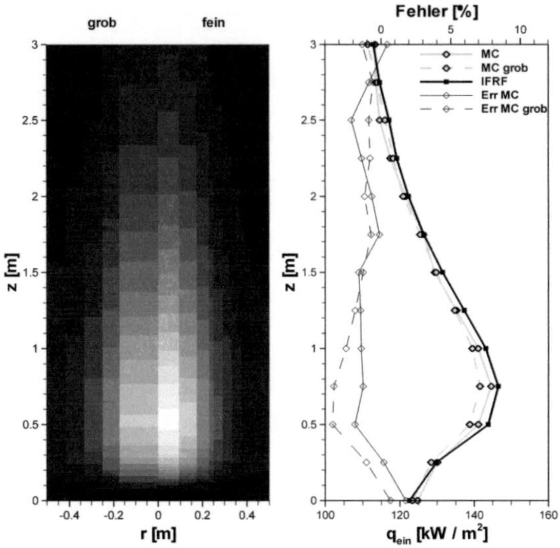

Abbildung 4.8: Temperaturverteilung und einfallender Strahlungsfluss einer zylindrischen Geometrie.

Den berechneten Werten (Kurven *MC* und *MC grob*) wird eine aus der Literatur (Weber und Mbiock (2000)) erhaltene Referenzrechnung (*IFRF*) gegenübergestellt. Des Weiteren ist der relative Fehler (*Err MC*; *Err MC grob*) für die berechneten Strahlungsflüsse bestimmt aus

$$ErrMC = \frac{Wert_{IFRF} - Wert_{MC}}{Wert_{IFRF}}$$

ebenfalls dargestellt. Beide Rechnungen stimmen sowohl untereinander, als auch mit der Referenzlösung gut überein. Die maximal zu beobachtende Abweichung ist mit weniger als 4% in einem akzeptablen Bereich. Die größte Abweichung ist zwischen den Referenzwerten und der Lösung auf dem groben Gitter im Bereich der höchsten Temperaturen festzustellen. Die zugrunde liegenden Temperaturverteilung sind zellengemittelt dargestellt. Vergleicht man die grobe mit der feinen Temperaturverteilung, so ist ersichtlich, dass die höchsten Flammentemperaturen in dem groben Gitter niedriger sind, als dies in der originalen, feinen Verteilung der Fall ist. Hierdurch lässt sich in diesem Bereich der geringere einfallende Strahlungsfluss auf die Wand erklären.

4.4.2 Parallelisierung

Unterschiedliche Ansätze sind in der Literatur (siehe z.B. Kobiyama (1989) und Farmer und Howell (1998)) verfolgt worden, um die numerische Effizienz der Berechnungsmethode zu steigern. Betont wird jeweils die Eignung der Monte Carlo Methode hinsichtlich effizienter Parallelisierung und es werden unterschiedliche Strategien zur Parallelisierung eines Monte Carlo Ray-Tracing Verfahrens vorgeschlagen. Je nach gewähltem Verfahren ist die parallele Abarbeitung hinsichtlich räumlicher Verteilung der Emissionsorte, der spektralen Verteilung der Emissionswellenzahl, eine zufällige Verteilung oder auch die Abarbeitung Strahl für Strahl vorstellbar.

In der vorliegenden Arbeit werden zur Berechnung des Ray-Tracings die benötigten Daten so auf die einzelnen Rechenknoten verteilt, dass jedem sowohl die gesamte Geometrie als auch alle Spezies-, Temperatur- und Druckinformationen zur Verfügung stehen. Danach werden die abzuarbeitenden Elemente der Reihe nach auf die Rechenknoten aufgeteilt. In Bezug zu oben genannten Ansätzen findet also eine parallele Abarbeitung nach Emissionsorten statt. Die Parallelisierung wurde unter Zuhilfenahme der Bibliothek MPI realisiert.

Es wird auf jedem Rechner die jeweils in den Elementen zu emittierende Anzahl an Strahlen ermittelt. Ist die Strahlenverfolgung für ein Energiebündel abgeschlossen wird direkt im Anschluss daran der entsprechende Strahlungswärmefluss in das absorbierende Kontrollelement ermittelt. Der Vorgang wiederholt sich für alle weiteren Energiebündel. Ist die Strahlenverfolgung für alle Energiebündel eines Elementes abgeschlossen, wird dem Rechenknoten ein neues Element zugewiesen. Ist die gesamte Strahlenverfolgung beendet, werden die jeweils ermittelten Strahlungsflüsse aus bzw. in die Kontrollelemente der einzelnen Rechenknoten addiert.

Bei der hier verwendeten Art der Parallelisierung der Berechnung findet keine Partitionierung des Rechengebietes statt. Dies bedeutet, dass auf jedem Rechenknoten genügend Speicher zur Verarbeitung der bereits erwähnten Gitterinformationen und thermodynamischen Größen zur Verfügung gestellt werden muss. Diesem geringen Nachteil steht jedoch eine erhebliche Reduzierung der benötigten Rechenzeit bei Verwendung mehrer Rechner gegenüber. Eine schematische Darstellung der parallelen Berechnung des Strahlungsaustauschs ist in Abb. 4.9 dargestellt.

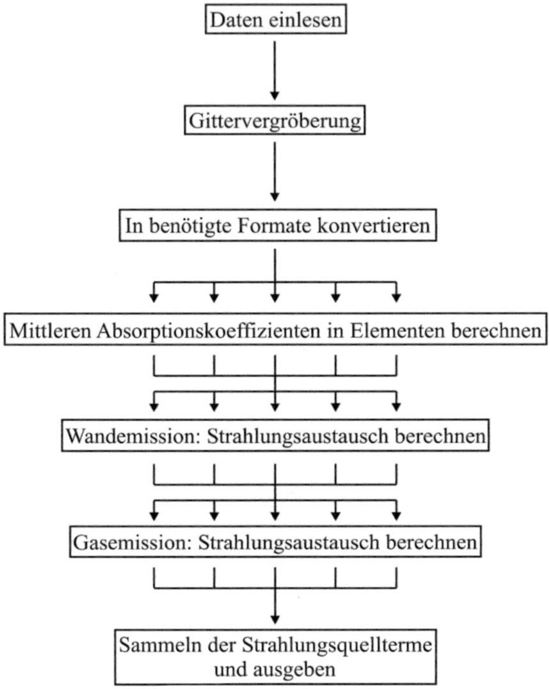

Abbildung 4.9: Schematische Darstellung der parallelen Abarbeitung der Strahlungsaustauschberechnungen.

In einem zentralen Rechenschritt werden zunächst alle benötigten Daten eingelesen sowie eine mögliche Gittervergröberung durchgeführt. Danach werden die aus CFD-Rechnungen erhaltenen, auf den Gitterknoten ermittelten Werte in mittlere Elementwerte umgerechnet und in einem ersten parallelisierten Rechenschritt werden die mittleren Absorptionskoeffizienten in den Volumenelementen ermittelt. Anschließend werden alle für die Berechnung des Strahlungsaustauschs notwendigen Daten auf die Rechenknoten verteilt. In der folgenden parallelisierten Rechenprozedur wird der Strahlungsaustausch aufgrund von Wandemission berechnet. Ist die Strahlenverfolgung für emittierende Wandelemente beendet, findet im Anschluss daran die Ermittlung des Strahlungsaustausch ausgehend von emittierenden Volumenelementen statt. Während der Strahlenverfolgung ist keine weitere Kommunikation der Rechner untereinander notwendig, wie es bei einem geteilten Gitter der Fall wäre. Erst wenn alle emittierten Strahlen verfolgt sind und die Summe der Strahlungsflüsse ermittelt wird ist ein Austausch zwischen den Rechnern wieder erforderlich. Für die benötigte Rechenzeit $t_{parallel}$ hat dies zur Folge, dass sie sich ungefähr umgekehrt proportional zur Anzahl der verwendeten Rechner N verringert.

$$t_{parallel} \propto \frac{t_{seriell}}{N}$$

Sawetprawichkul u. a. (2002) zeigen die Eignung der Art der Parallelisierung eines Monte Carlo Verfahrens zur effizienten Berechnung des dreidimensionalen Strahlungsaustauschs und bestätigen ebenfalls die hohe Effizienz der Parallelisierung. Zeeb u. a. (2001) stellen ein Monte Carlo Verfahren zur Berechnung komplexer Geometrien vor und heben insbesondere die Notwendigkeit der effizienten Bestimmung der Schnittpunkte hervor.

4.5 Kopplung mit CFD

Um die ermittelten Strahlungsflüsse und Strahlungsquellterme bei der Berechnung von Verbrennungssystem berücksichtigen zu können, wurde das Berechnungsverfahren mit dem kommerziellen Strömungslöser ANSYS CFX gekoppelt. Bei der Anbindung wurde darauf geachtet, die Schnittstelle so unabhängig wie möglich von dem CFD-Löser zu gestalten. Die Anbindung an ein anderes Strömungsberechnungsprogramm sollte daher unproblematisch sein.

Die Kommunikation der beiden Programme untereinander geschieht durch den Austausch von Dateien und ist schematisch nachfolgend in Abb. 4.10 schematisch dargestellt.

Während der Berechnung des Strömungsfeldes werden vom Strömungslöser die Lösungsfelder der molaren Konzentrationen der Spezies, die Temperaturverteilung in Kelvin und die Druckverteilung in bar für die einzelnen Knoten in jeweils eigene Dateien exportiert. Sofern ohne Startlösung gerechnet wird, werden zu Beginn der Strömungsberechnung zudem noch Dateien angelegt, die für die Anzahl der Wandknoten die Strahlungsflüsse und für die Rechenknoten im Strömungsgebiet den Strahlungsquellterm jeweils identisch Null beinhalten. Diese werden zu Beginn jeder Iteration eingelesen. Nachdem ein Durchlauf des Strahlungsberechnungsprogramms ausgehend von den

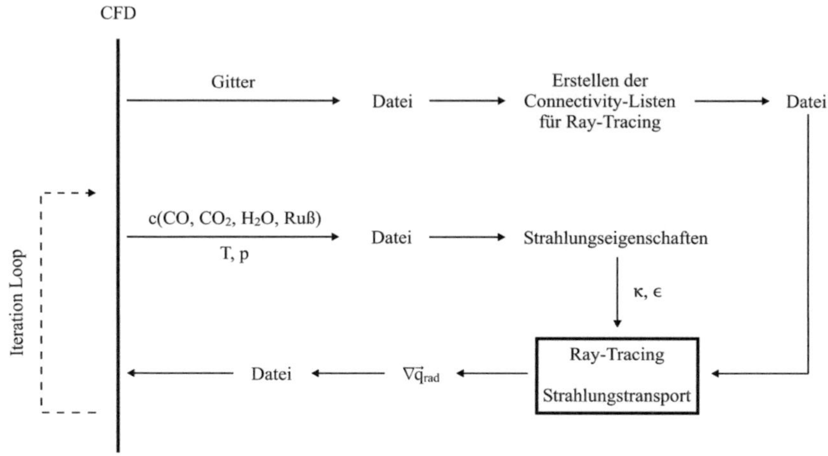

Abbildung 4.10: Schematische Darstellung der Kopplung des Strahlungsberechnungsprogramms mit einem kommerziellen Strömungslöser.

exportierten Dateien abgeschlossen ist werden die Quelltermdateien überschrieben. Mit einer neuen Verteilung der Ausgangsgrößen wird der Strahlungsaustausch erneut berechnet. Diese Vorgehensweise wird wiederholt bis der Strömungslöser die angegebenen Konvergenzkriterien erfüllt.

Durch diese Art der Kopplung der beiden Programme können beide Programme unabhängig voneinander betrieben werden. In den meisten Fällen nimmt das Lösen der Strahlungstransportgleichung sehr viel mehr Zeit in Anspruch als für das Lösen eines Iterationsschrittes des Strömungsfeldes notwendig ist. Das Einlesen einer Datei mit neuen Strahlungsquelltermen findet somit immer in problemspezifischen Iterationsintervallen statt und wird nicht vorgegeben. Die Anzahl der vom Strömungslöser zwischenzeitlich gelösten Iterationsschritte wird von der Gittergröße und der notwendigen Anzahl an Energiebündeln, bzw. von der Anzahl der zur Verfügung stehenden Rechner bestimmt.

5 Validierung

Die Funktionalität des Strahlungscodes wird im Folgenden mittels unterschiedlicher akademischer Testfälle nachgewiesen. Zunächst wird ein einfaches Problem, welches analytisch gelöst werden kann, berechnet. Hierzu werden zwei sich parallel gegenüber liegende Platten betrachtet. Folgende Annahmen werden getroffen. Die Platten sind gleich groß und der Abstand zwischen den Platten ist sehr klein im Vergleich zu den Abmaßen der Platten. Zwischen den Platten befindet sich ein nicht am Strahlungsaustausch beteiligtes Medium (Vakuum). Des Weiteren sind die Platten selbst strahlungsundurchlässig und emittieren, absorbieren und reflektieren diffus. Sind die Oberflächenemissivitäten ε_1 und ε_2 sowie die Temperaturen T_1 und T_2 bekannt, kann der Nettostrahlungsfluss zwischen den Platten analytisch berechnet werden:

$$Q_{net} = \frac{1}{\frac{1}{\varepsilon_1} + \frac{1}{\varepsilon_2} - 1} \left(T_1^4 - T_2^4\right) \sigma A \tag{5.1}$$

Eine Herleitung hierzu findet sich in Anhang A.1. Haben beide Platten die gleiche Temperatur und Oberflächenemissivität ist der Nettostrahlungsfluss identisch Null. Zur Berechnung dieses Problems mit dem entwickelten Monte-Carlo Berechnungsverfahren werden zwei parallele Platten mit jeweils einer Fläche von $1mx1m$ und einem Abstand von $50mm$ betrachtet. Die Temperatur beider Platten wird mit jeweils $T_1 = T_2 = 1000K$ als konstant angenommen, die Oberflächenemissivität beträgt $\varepsilon_1 = \varepsilon_2 = 1$. Im Gegensatz zu dem analytischen Fall treten bei der Berechnung des Strahlungsaustauschs jedoch Verluste an die Umgebung, aus dem Spalt zwischen den Platten, auf. In Abb. 5.1 sind Berechnungsergebnisse für Rechnungen mit jeweils unterschiedlich vielen Energiebündeln (1000, 10000, 50000) dargestellt. Prinzipiell ist bei allen drei Rechnungen festzustellen, dass der Nettostrahlungsfluss in der Mitte der Platten, $z = 0,5m$, annähert den Wert Null annimmt. Zu den Seitenkanten der Platten hin nimmt der Nettostrahlungsfluss zu, da in den Randbereichen Strahlungsenergie an die Umgebung verloren geht. Es wird somit gezeigt, dass mit dem Berechnungsverfahren analytische Berechnungsergebnisse wiedergegeben werden können. Zudem wird gezeigt, dass mit zunehmender Strahlenanzahl die Genauigkeit der Berechnungsergebnisse steigt und sich einer exakten Lösung nähert.

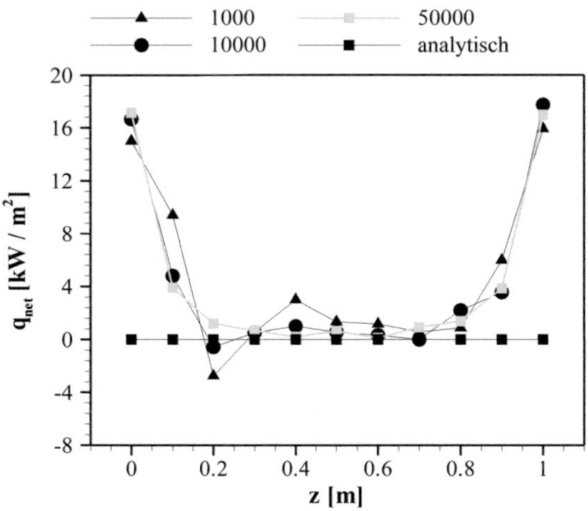

Abbildung 5.1: Nettostrahlungsfluss auf zwei parallele Platten.

In den folgenden untersuchten Fällen findet ein Vergleich mit ebenfalls numerisch ermittelten Werten statt. Um die Vergleichbarkeit der Berechnungsergebnisse mit anderen Strahlungsberechnungsverfahren zu gewährleisten, bestehen die Testfälle zweckmäßigerweise aus einfachen Geometrien und vorgegebener Verteilung der Temperatur und Strahlungseigenschaften. Es soll jeweils der Strahlungsaustausch in einem modellhaften Brennraum berechnet werden. Zur Bewertung werden die Strahlungsflüsse auf die Wände bzw. der volumetrische Strahlungsquellterm diskutiert. Die im Folgenden gezeigten Referenzwerte sind ebenfalls numerisch ermittelt und dienen daher als Indikator, ob mit dem entwickelten Monte Carlo Verfahren vergleichbare Werte erzielt werden können.

Die zur Validierung verwendeten Testfälle wurden Weber und Mbiock (2000) und Mbiock und Weber (2000) entnommen. Die im Folgenden diskutierten Testfälle bestehen aus quaderförmigen bzw. zylindrischen Geometrien mit jeweils gegebenen grauen Absorptionskoeffizienten. In Tabelle 5.1 sind die jeweiligen Institutionen sowie die zur Berechnung der Vergleichswerte verwendeten Verfahren aufgelistet. Die Bezeichnungen sind Helbig u. a. (2001) entnommen. Die eigenen Rechnungen werden in den Diagrammen mit VBT MC bezeichnet.

Zum Vergleich der verschiedenen Berechnungsverfahren untereinander werden jeweils die berechneten Wandwärmeströme miteinander verglichen. Je nach Testfall werden Einfallender q_{ein} (engl. irradiation), Abgestrahlter q_{ab} (engl. radiosity) oder Netto q_{net}

Abkürzung	Institution	Verfahren
IST DOM	Instituto Superior Tecnico Mechanical Engineering Dept. Lisabon, Portugal	Discrete Ordinate
IST DTM	Instituto Superior Tecnico Mechanical Engineering Dept. Lisabon, Portugal	Discrete Transfer
ENEL DOM	Enel Produzione, Research, Pisa, Italien	Discrete Ordinate
ENEL DTM	Enel Produzione, Research, Pisa, Italien	Discrete Transfer
LSTM MC	Lehrstuhl für Strömungsmechanik Universität Erlangen, Deutschland	Monte Carlo
IFRF BE	International Flame Research Foundation IJmuiden, Niederlande	Boundary Element

Tabelle 5.1: Legende der Vergleichswerte für die Validierung

Wandwärmestrom einander gegenübergestellt. Der Netto Wandwärmestrom ergibt sich aus der Differenz des emittierten und absorbierten Wärmestroms.

$$q_{net} = q_{em} - q_{abs} \tag{5.2}$$

Demnach hat ein negativer Netto Wandwärmestrom die Aufnahme von Strahlungswärme zur Folge, für positive Werte wird Strahlungswärme abgegeben. Der emittierte Wärmestrom wird direkt aus der Temperatur und der Oberflächenemissivität der Wände berechnet. Der absorbierte Anteil ergibt sich zum Einen aus der von Wänden emittierten und zum Anderen aus dem Gasraum emittierten Wärmestrahlung.

Für den Einfallenden Wandwärmestrom gilt:

$$q_{ein} = \left(q_{em} - q_{net}\right)/\varepsilon \tag{5.3}$$

Dieser berücksichtigt somit nicht nur den absorbierten Anteil der Wärmestrahlung, sondern die insgesamt auftreffende Strahlungswärme. Mit dem Abgestrahlten Wandwärmestrom

$$q_{ab} = q_{em} + (1-\varepsilon)\, q_{net} \tag{5.4}$$

werden die durch Emission abgegebene und zusätzlich reflektierte Wärmestrahlung beschrieben.

5.1 Testfall 1: Die homogene Brennkammer

Die in diesem Fall betrachtete quaderförmige Brennkammer besitzt eine Querschnittsfläche von $1m$ x $1m$ und eine Länge von $L = 3m$. Die Wandtemperatur der Seitenwände betrage 1000 °C und der Brennraum sei mit Verbrennungsgasen der Temperatur 1500 °C gefüllt. Die am Strahlungsaustausch teilnehmenden Gase haben den Absorptionskoeffizienten $\kappa = 0.1m^{-1}$. Dieser Wert kann bei der Verbrennung von Methan mit hohem Luftüberschuss als Absorptionskoeffizient der Verbrennungsgase angenommen werden.

Die rechnerisch ermittelten Werte des einfallenden Strahlungsflusses und des Nettostrahlungsflusses sind in den Abbildungen 5.2 und 5.3 für die Wandemissivitäten $\varepsilon = 0,5$ und $\varepsilon = 0,8$ dargestellt.

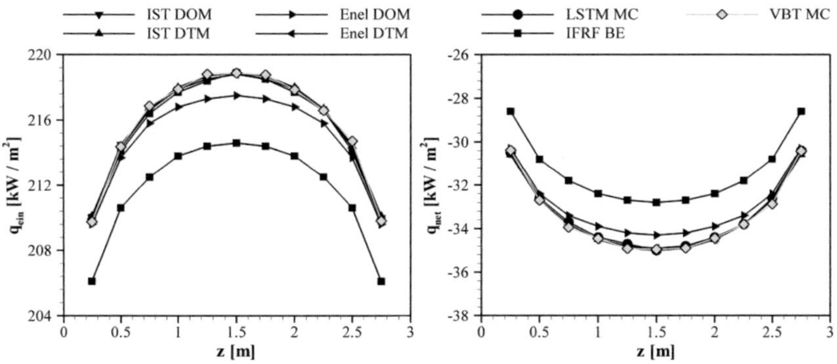

Abbildung 5.2: Testfall 1: Einfallender und Netto Wandwärmestrom; ε = 0,5.

Der einfallende Strahlungsfluss weist in der Mitte ($z = L/2$) der Seitenwände ein Maximum auf, von wo aus er symmetrisch in Richtung der Stirnseiten abnimmt. Dementsprechend nimmt der Nettostrahlungsfluss ausgehend vom Minimalwert symmetrisch in Richtung der Stirnseiten zu. Betrachtet man beide Strahlungsflüsse in Abhängigkeit der Emissivität, ist offensichtlich, dass der einfallende Strahlungsfluss mit zunehmender Emissivität ansteigt, während der Nettostrahlungsfluss abnimmt.

Beim Vergleich der verschiedenen Ergebnisse kann eine sehr gute Übereinstimmung zwischen den Berechnungsverfahren IST DOM, IST DEM, Enel DTM, LSTM MC und den eigenen Berechnungen festgestellt werden. Obwohl es sich um einen einfachen Testfall handelt, zeigen die Ergebnisse der beiden Methoden Enel DOM und IFRF BE

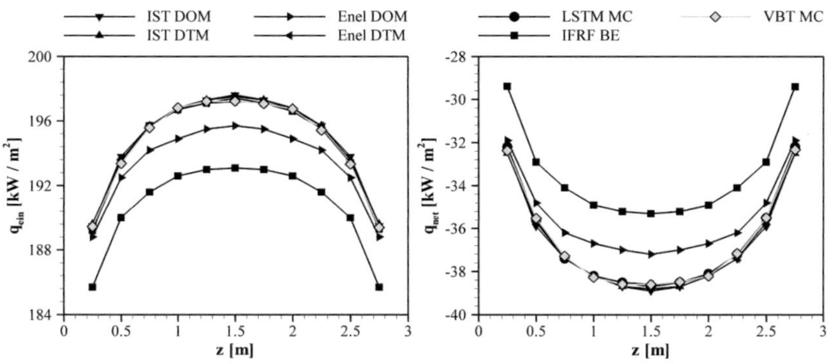

Abbildung 5.3: Testfall 1: Einfallender und Netto Wandwärmestrom; $\varepsilon = 0{,}8$.

eine deutliche Abweichung zu den übrigen. Zwar liegen die Abweichungen nicht über 6%, bei der Einfachheit des Testfalls ist jedoch eine sehr gute Übereinstimmung aller Methoden zu erwarten. Für die Abweichungen der Ergebnisse geben die Autoren keine Begründung und es kann auch kein Grund nachvollzogen werden.

5.2 Testfall 2: Graues Medium mit variabler Temperatur

Mit diesem Testfall soll die Anwendbarkeit des Lösungsverfahrens zur Berechnung der Strahlung eines Mediums mit vorgegebener Temperaturverteilung gezeigt werden. Hierzu wird eine zylindrische Brennkammer mit einem Durchmesser von $2r = 1m$ und einer Länge von $l = 3m$ betrachtet. Die Emissivität der Brennkammerwand wird mit $\varepsilon = 0,7$ als global konstant angenommen. Die Brennkammer wird axial befeuert und es wird angenommen, dass die Wände gekühlt werden. Ausgehend von der Einlasstemperatur T_0 bei $z = 0$ steigt die Temperatur zunächst auf die Maximaltemperatur T_a an und nimmt dann kontinuierlich zum Brennkammerauslass hin $(z = l)$ ab. Das Temperaturprofil in radialer Richtung wird mit einer Gauß-Verteilung beschrieben. Unter diesen Annahmen kann die Temperaturverteilung in der Brennkammer mit den Gleichungen 5.5 bis 5.7 beschrieben werden. Die Wandtemperatur ergibt sich entsprechend für die Werte $\sqrt{x^2 + y^2} = r$. Mit den Parametern m_0 und s wird die axiale Position des Temperaturmaximums auf der Symmetrieachse, mit σ die Breite des Strahls bestimmt ($s = 1$ und $\sigma = 0,375$).

$$T(p) = T_0(p) + (T_a - T_0(p))\, g(p) \tag{5.5}$$

$$T_0(p) = \frac{T_i}{2}\left(1 + \frac{1}{2r}\right)\sqrt{x^2+y^2} \tag{5.6}$$

$$g(p) = \frac{L}{z} exp\left[-m_0 - \frac{1}{2}\left(\left(\frac{ln(z/L) + m_0}{s}\right)^2 + \frac{x^2+y^2}{(\sigma r)^2}\right)\right] \tag{5.7}$$

$$T_i = 1200\,°C \quad T_a = 1800\,°C$$

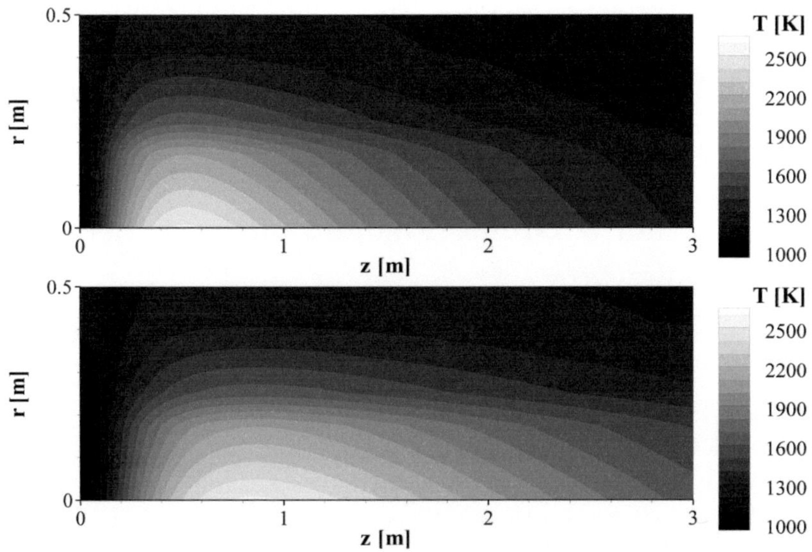

Abbildung 5.4: Testfall 2: Temperaturverteilung für $m_0 = 0,75$(oben) und $m_0 = 0,25$(unten).

Mit den Werten $m_0 = 0,75$ und $m_0 = 0,25$ werden ein kurze und eine lange Flamme berechnet. Die mit den angegebenen Parametern ermittelten Temperaturverteilungen sind in Abb. 5.4 dargestellt.

Für beide Fälle wird in den Abbildungen 5.5 und 5.6 der auf die Brennkammerwände einfallende und der insgesamt abgestrahlte Strahlungsfluss über der Brennkammerlänge aufgetragen. Die jeweiligen Strahlungsflüsse steigen ausgehend von der Brennerseite bis auf einen Maximalwert im Bereich der höchsten Flammen- bzw. Wandtemperaturen an und nehmen zum Brennkammerende hin wieder ab. Die mit dem entwickelten Lösungsverfahren durchgeführten Berechnungen liegen in akzeptabeler Übereinstimmung mit den Referenzwerten. Insbesondere für den Fall $m_0 = 0,75$ konnte eine gute Übereinstimmung erzielt werden.

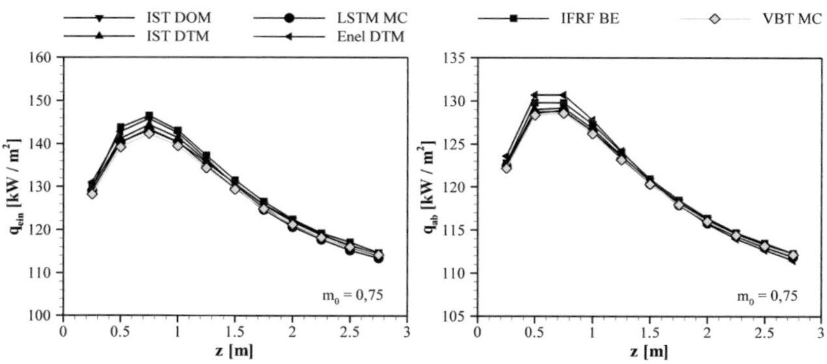

Abbildung 5.5: Testfall 2: Einfallender und abgestrahlter Wandwärmestrom; $m_0 = 0,75$; $\kappa = 0,1$.

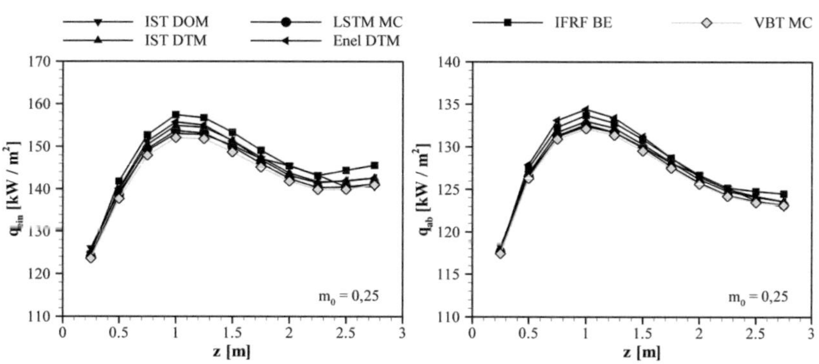

Abbildung 5.6: Testfall 2: Einfallender und abgestrahlter Wandwärmestrom; $m_0 = 0,25$; $\kappa = 0,1$.

5.3 Testfall 3: Erdgasstrahlflamme

In den Testfällen 3 und 4 wurden Berechnungen der Wandwärmeströme und Quellterme in einer realen Brennkammer durchgeführt. Die Temperaturverteilungen in der Brennkammer sowie an den Brennkammerwänden sind aus Messungen bekannt. In beiden Testfällen sind Temperaturverteilung und Strahlungswärmeaustausch nicht miteinander gekoppelt. Die Verteilung der Wandemissivitäten wurde vorgegeben. In Abb. 5.7 ist die Brennkammer, an der die Messungen von Michelfelder und Lowes (1973) durchgeführt wurden, schematisch dargestellt.

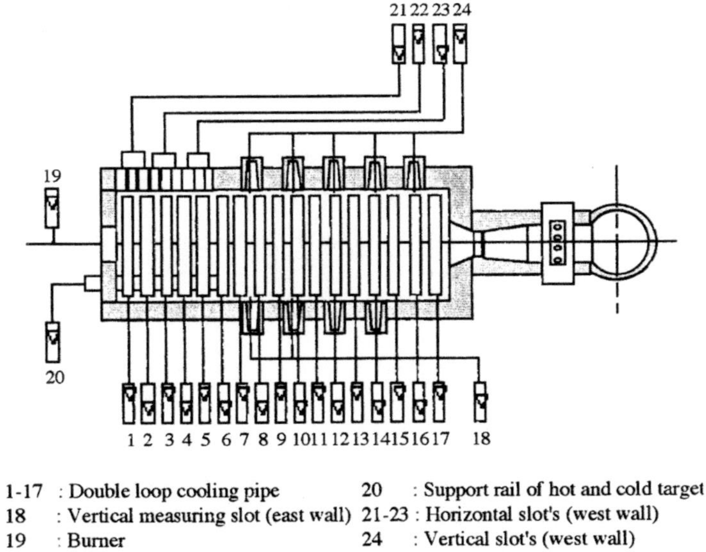

Abbildung 5.7: IFRF Brennkammer mit Kühlreihen.

Die Brennkammer hat einen Querschnitt von $2m * 2m$, eine Länge von 6,25 m und wird mit einer thermischen Leistung von 3MW befeuert. Der Brennraum ist aus siebzehn Segmenten aufgebaut und ist von allen Seiten mit Feuerfeststeinen, mit einer Emissivität von $\varepsilon = 0,5$, umschlossen. Jedes Segment wird von zwei Kühlringen gekühlt. Die Kühlringe bedecken die einzelnen Segmente jeweils nur teilweise und haben eine Oberflächenemissivität von $\varepsilon = 0,8$. Aus den Oberflächenemissivitäten wird zur Berechnungen des Strahlungsaustauschs für jedes Segment eine effektive Emissivität ermittelt. Die gemessenen Temperaturen und Strahlungsflüsse sowie die Emissivitäten sind in Anhang A.2 unter der Bezeichnung Flamme 29 gegeben. Der Absorptionskoeffizient der Verbrennungsgase wird mit $\kappa = 0,01m^{-1}$ in einer ersten Berechnung als global konstant angesehen. In einer zweiten Berechnung werden die Gase als transparent mit $\kappa = 0,0m^{-1}$ betrachtet.

Abb. 5.8 zeigt die berechneten auf die Seitenwände einfallenden Strahlungsflüsse für die beiden unterschiedlichen Absorptionskoeffizienten (links $\kappa = 0,01m^{-1}$; rechts $\kappa = 0,0m^{-1}$) im Vergleich zu den vorhandenen Messdaten. Bei der untersuchten Flamme handelt es sich um eine lange, dünne Flamme, die für Brennabstände zwischen 2,75m und 5m Flammentemperaturen über 1200°C erreicht. In diesem Bereich weichen die mit der Methode Enel DOM ermittelten Ergebnisse von den sonst untereinander sehr gut übereinstimmenden numerischen Lösungen geringfügig ab. Die allgemeine gute Übereinstimmung der Berechnungen mit den Messungen rechtfertigt, insbesondere im Fall $\kappa = 0,0m^{-1}$, die Berücksichtigung der Verbrennungsgase als transparentes Medium. Hierdurch wird die Ermittlung des Strahlungsaustauschs auf ein Wand zu Wand Problem reduziert und es kann Rechenzeit eingespart werden.

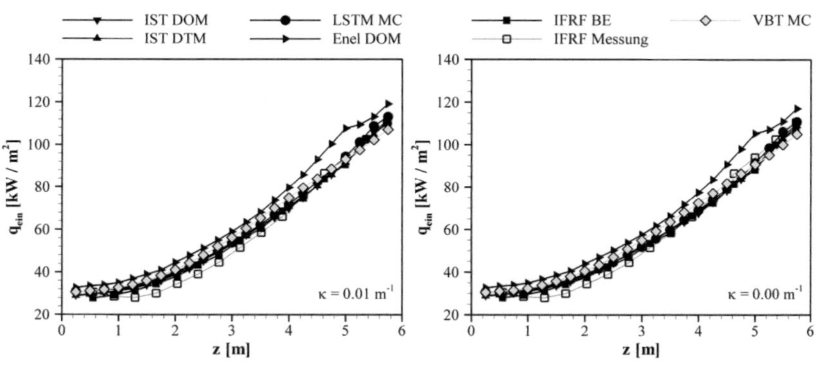

Abbildung 5.8: Testfall 3: Einfallender Wandwärmestrom.

5.4 Testfall 4: Erdgasdrallflamme

Die für diesen Testfall durchgeführten Messungen wurden in der gleichen Brennkammer durchgeführt wie im vorhergehenden Testfall. Der Brenner wurde jedoch durch einen Drallbrenner ersetzt, wodurch sich die Temperaturverteilungen im Brennraum und an den Brennraumwänden ändern. Diese sind in Anhang A.2 unter der Bezeichnung Flamme 11 zu finden. Die Drallflamme ist deutlich kürzer als die zuvor untersuchte Strahlflamme, brennt nahe am Brenner und hat ihre heißeste Zone in Brennerabständen bis 1,5m. Im Abstand von 2,5m befindet sich die Zone höchster Wandtemperaturen. Es wurden zwei Rechnungen mit unterschiedlichen grauen Absorptionskoeffizienten durchgeführt. Die für diese Flamme angenommenen Absorptionskoeffizienten der Rauchgase werden jeweils wieder als global konstant angenommen und sind zum einen $\kappa = 0,2m^{-1}$ und zum anderen $\kappa = 0,1m^{-1}$.

Allgemein zeigen alle Berechnungsergebnisse der in Abb. 5.9 dargestellten einfallenden Strahlungsflüsse ähnliche Profile. Zwischen den meisten Lösungen kann eine gute Übereinstimmung untereinander festgestellt werden. Im Vergleich zu den Messdaten sind jedoch sowohl für den Fall $\kappa = 0,2m^{-1}$ als auch für den Fall $\kappa = 0,1m^{-1}$ Abweichungen zu beobachten. Für $\kappa = 0,2m^{-1}$ wird im brennernahen Bereich und im Bereich der höchsten Strahlungsflüsse eine bessere Übereinstimmung zu den Messdaten erzielt als stromab in der restlichen Brennkammer. Im Fall $\kappa = 0,1m^{-1}$ dagegen ergibt sich die größte Abweichung zwischen den Rechnungen und der Messung im Bereich der höchsten Strahlungsflüsse.

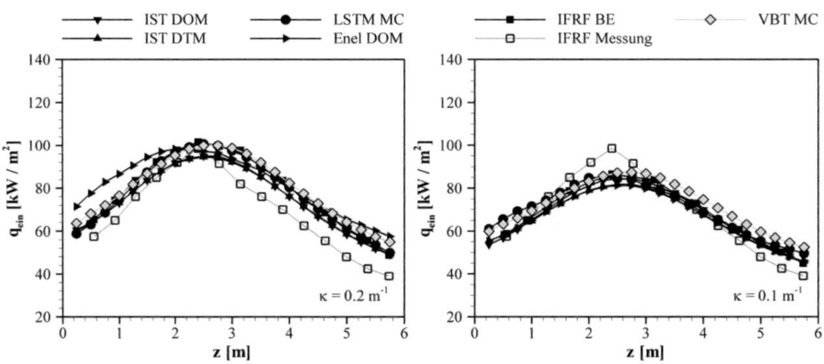

Abbildung 5.9: Testfall 4: Einfallender Wandwärmestrom.

In den Abbildungen 5.10, 5.11 und 5.12 werden die mit den unterschiedlichen Berechnungsverfahren erzielten volumetrischen Strahlungsquellterme miteinander verglichen. Für die Quellterme entlang der Strahlachse kann in Abb. 5.10 für beide Absorptionskoeffizienten ab Brennabständen über einem Meter eine sehr gute Übereinstimmung aller Profile festgestellt werden. Die Abweichung der beiden Monte Carlo Berechnungen im Bereich unter einem Meter ist vermutlich auf eine unterschiedliche Auflösung der Temperaturen in diesem Bereich zurückzuführen. Durch die Verwendung gleicher Rechengitter könnte in diesem Bereich vermutlich eine Übereinstimmung beider Methoden erzielt werden.

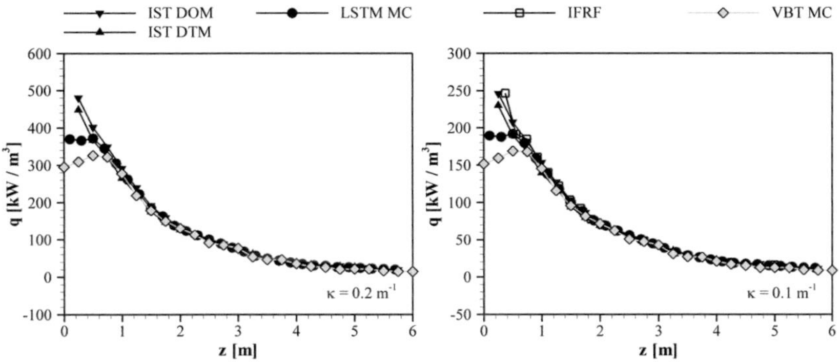

Abbildung 5.10: Testfall 4: Quellterm entlang der Achse.

Abb. 5.11 zeigt die in einem Brennerabstand von 2,75m ermittelten Strahlungsquellterme. Für beide Absorptionskoeffizienten ergibt sich im Inneren der Brennkammer (bis $r = 0.7m$) eine sehr gut Übereinstimmung der verschiedenen Methoden. Lediglich im Bereich der Brennkammerwand weichen die mit LSTM MC ermittelten Ergebnisse von den restlichen ab. Für den Brennerabstand 4,25m sind die Ergebnisse in Abb. 5.12 dargestellt. Es ergeben sich für die beiden Absorptionskoeffizienten mit allen Lösungsverfahren ähnliche Profile, es können jedoch leichte Abweichungen zwischen den einzelnen Berechnungsverfahren festgestellt werden. Prinzipiell ist zu erkennen, dass die Abweichungen im Fall $\kappa = 0,2m^{-1}$ größer als für den Fall $\kappa = 0,1m^{-1}$ sind. Hinsichtlich der ansonsten guten Übereinstimmung wird auch hier angenommen, dass die Auflösung der gemessenen diskreten Temperaturdaten als Grund für die Abweichung angeführt werden kann.

Im Bezug auf die Abweichung der Berechnungsergebnisse von den Messdaten ist zu erwähnen , dass in allen durchgeführten Untersuchungen ein global konstanter Absorptionskoeffizient in der Brennkammer angenommen wurde. Dies ist in der realen Flamme jedoch nicht der Fall, da die Strahlungseigenschaften der Verbrennungsgase sowohl von deren Konzentrationen als auch von der Temperaturverteilung beeinflusst werden. Die unterschiedlichen Bereiche, in denen die jeweiligen Rechnungen mit den Messdaten übereinstimmen, deuten ebenfalls darauf hin, dass die Annahme eines konstanten grauen Absorptionskoeffizienten sich für eine exakte Vorhersage der Strahlungsflüsse nicht eignet. Für die Vergleichbarkeit der unterschiedlichen Lösungsverfahren ist die Beschränkung auf eine einfache Modellierung der Strahlungseigenschaften jedoch vorteilhaft.

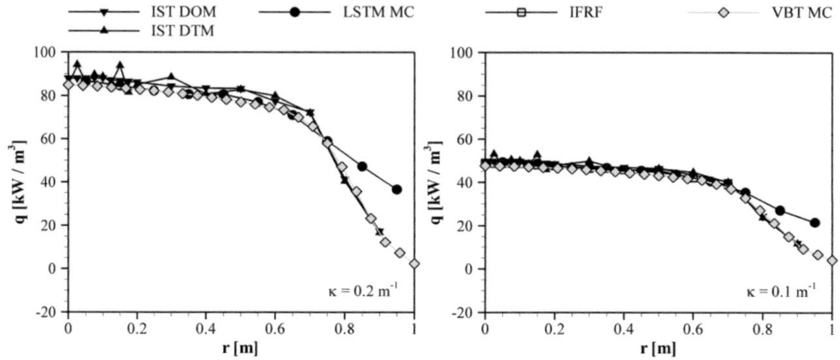

Abbildung 5.11: Testfall 4: Quellterm bei 2,75 m.

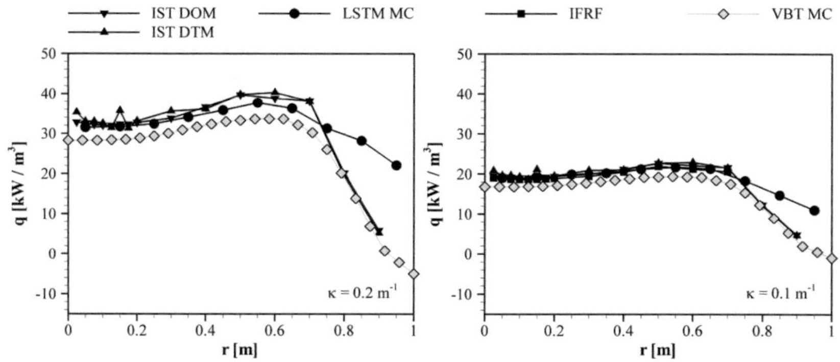

Abbildung 5.12: Testfall 4: Quellterm bei 4,25 m.

Alle gezeigten Vergleichsdaten wurden innerhalb eines Gemeinschaftsprojekts unterschiedlicher Universitäten und Industriepartner erzielt. Die Dokumentation aller Methoden, die zur Berechnung der Vergleichsdaten verwendet wurden, sind in zugehörigem Abschlussbericht von Helbig u. a. zusammengefasst. Der Vergleich mit den eigenen Berechnungen fand erst im Rahmen dieser Arbeit statt.

Mit dem entwickelten Berechnungsverfahren konnten in allen Testfällen eine sehr gute Übereinstimmungen mit anderen Methoden erzielt werden. Die Vergleichbarkeit ist sowohl für die ermittelten Strahlungsflüsse auf die Brennkammerwände, als auch für die volumetrischen Quellterme gegeben. Das Verfahren eignet sich somit uneingeschränkt zur Berechnung des Strahlungsaustauschs zwischen grauen Wänden und dazwischen eingeschlossenen strahlungsaktiven emittierenden und absorbierenden, nicht streuenden grauen Medien.

6 Berechnungsergebnisse

Die Funktionalität des entwickelten Monte Carlo Berechnungsverfahrens konnte im vorangegangenen Kapitel für akademische Testfälle unter Beweis gestellt werden. Um ferner die korrekte Erfassung des Wärmeverlusts durch Strahlung und dessen Auswirkung auf die resultierende Flammentemperatur zu demonstrieren, wurden Berechnungen realer Flammen durchgeführt, die entsprechenden Messdaten gegenüber gestellt wurden. Hierzu wurde der Strahlungscode mit dem kommerziellen Strömungslöser ANSYS CFX von ANSYS, Inc. gekoppelt. Die Vorgehensweise zur Kopplung beider Codes findet sich in Kapitel 4.5.

Berechnet wurden zum einen eine atmosphärisch brennende, eingeschlossene und zum anderen eine atmosphärisch frei brennende Propanflamme. Beide Flammen wurden in früheren Arbeiten am Engler-Bunte-Institut unter Technikumsbedingungen betrieben und vermessen. Für den Fall der eingeschlossen brennenden Flamme liegen Messdaten der Temperatur- und Speziesverteilung sowie die spektrale Verteilung der Strahlungsintensität vor. Bei der frei brennenden Flamme wurden Temperatur-, Spezies- und Geschwindigkeitsverteilungen gemessen. Bei beiden Flammen konnte in den Experimenten starke Rußbildung beobachtet werden.

6.1 Modellbrennkammer

6.1.1 Experimentelle Datenbasis

Die experimentellen Untersuchungen in der Brennkammer wurden von Heilos (2002) an der in Abb. 6.1 dargestellten Anlage durchgeführt. Dabei wurde die untersuchte eingeschlossene Propanstrahlflamme in einer zylindrischen Modellbrennkammer, die aus zehn doppelwandigen Brennkammersegmenten aufgebaut ist, betrieben. Die Ringspalte der Segmente sind miteinander über Rohrbögen verbunden und werden zur Kühlung mit Wasser durchströmt. Die Brennkammer war senkrecht nach oben ausgerichtet und hatte eine Höhe von 4 m. Zur Reduzierung der Wärmeverluste an die Umgebung ist die Innenwand mit temperaturbeständigen Fasermatten isoliert. Der Innendurchmesser des Brennraumes beträgt 0,45 m. Der Brennstoff wird durch einen axial positionierten Brenner mit einem Innendurchmesser von 24 mm zugeführt. Koaxial dazu tritt die Verbrennungsluft durch einen Ringspalt mit einem inneren Durchmesser von 34 mm und einem äußeren Durchmesser von 60 mm ein. Die Volumenströme sind dabei mit

$$\dot{V}_{Propan} = 5,9\frac{m_N^3}{h} \text{ und } \dot{V}_{Luft} = 141,6\frac{m_N^3}{h}$$

so gewählt, dass sich eine globale Luftzahl von $\lambda = 1,01$ einstellt. Je zwei sich gegenüberliegende Messöffnungen pro Brennkammersegment ermöglichen sowohl das Einbringen von Messsonden in den Brennraum als auch die optische Zugänglichkeit.

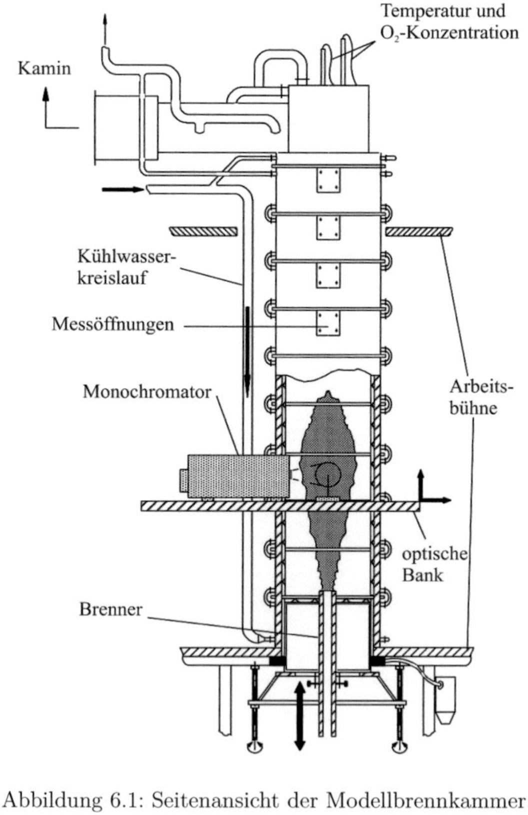

Abbildung 6.1: Seitenansicht der Modellbrennkammer.

Die zur Verfügung stehenden Messdaten umfassen sowohl die Massenbruchverteilung der Einzelspezies, die Rußkonzentrationen, die Temperaturverteilung als auch die spektrale Strahlungsintensität. Die Messungen wurden in diskreten Brennerabständen in einem Bereich von 600 mm bis 1600 mm über dem Brenneraustritt durchgeführt. Zur Ermittlung der Gaskonzentrationen wurden die Verbrennungsgase über eine Absaugsonde einem Analysesystem zugeführt. Zur Bestimmung der Rußkonzentration wurde eine Absaugsonde verwendet welche eine gravimetrische Ermittlung der Rußmassenkonzentration erlaubt.

Die Messung der Flammentemperatur wurde mit Hilfe von Thermoelementen durchgeführt. Zur Trennung der lokal an die Thermoelemente übertragenen Wärme von der durch Strahlung aus dem Fernfeld übertragenen Wärme wurde in der Flamme jeweils ein Paar aus zwei, nahe bei einander platzierten (Abstand ca. 2mm), kugelförmigen Thermoelementmessstellen verwendet. An beiden Messstellen wird je eine Temperatur aufgenommen. Durch die Kombination der Energiebilanzen um die jeweiligen Kugeln ergibt sich die reale Fluidtemperatur in Abhängigkeit der gemessenen Temperaturen und der Kugeldurchmesser. Auf diese Weise ist eine exakte Messung der Fluidtemperatur, ohne genaue Kenntnis der Strahlungseigenschaften der Thermoelemente und der konvektiven Wärmeübertragungskinetik, möglich.

Bei der Analyse der thermischen Strahlung wurde aufgrund der bereits beschriebenen Strahlungseigenschaften der Verbrennungsgase und des Flammenrußes eine spektrale Betrachtung notwendig. Zudem lassen sich die Strahlungsanteile der in diskreten Banden strahlenden Gase nur durch eine spektrale Betrachtung von dem kontinuierlichen Strahlungsanteil des Flammenrußes trennen. Die spektrale Zerlegung der gemessenen Strahlung wurde mittels eines Monochromators mit Strichgittern durchgeführt. Bei den verwendeten Strichgittern handelt es sich um polierte Aluminium Oberflächen, die eine hohe Anzahl an äquidistant angeordneten parallelen Vertiefungen aufweisen. Die Reflexion des einfallenden Strahls an unterschiedlichen Linien der Strichgitteroberfläche verursacht eine kleine Veränderung der Strahlweglängen. Hierdurch wird Interferenz erzeugt, wodurch sich Wellenzüge unterschiedlicher Wellenlänge voneinander trennen lassen. Der Reflexionswinkel am Strichgitter stellt sich je nach Wellenlänge unterschiedlich ein und ergibt somit die spektrale Aufspaltung der einfallenden Strahlung.

Auf eine ausführlichere Beschreibung der jeweils verwendeten Verfahren wird an dieser Stelle verzichtet, findet sich jedoch bei Wachter (1993) und Heilos (2002).

6.1.2 Numerische Untersuchungen

Zur Berechnung der turbulenten, reagierenden Strömung wurde als Turbulenzmodell das Standard k-ε-Turbulenzmodell angewandt, der Verbrennungsvorgang wurde mittels eines einfachen Eddy-Break-Up Ansatzes modelliert. Bei beiden Modellen finden die Standardeinstellungen von ANSYS CFX Verwendung. Zur Modellierung der Rußkonzentration wurde ein Ansatz aus der Literatur verwendet der später erläutert wird. Die zur Berechnung notwendige Implementierung in den Strömungscode geschieht über dessen Standardschnittstelle. Die numerische Simulation wurde auf einem strukturierten, hexaedrischen Rechengitter durchgeführt. Zur Reduzierung des rechnerischen Aufwandes wurde ein 30°-Segment mit einer Länge von 3 m berechnet.

Durch das gewählte Rechengitter entsteht die Notwendigkeit von periodischen, rotationssymmetrischen Rändern, mit welchen kommerzielle Strömungslöser standardmäßig arbeiten können. Für die Berechnung des Strahlungsaustauschs auf diesem Gitter mussten daher die in Kapitel 4.3 beschrieben periodischen Randbedingungen in das Monte Carlo Berechnungsverfahren integriert werden. Während der Durchführung der Rechnungen konnte keine Beeinflussung der Berechnungsergebnisse durch die periodischen Ränder festgestellt werden. Das entwickelte Strahlungsberechnungsverfahren kann somit auch uneingeschränkt zur Lösung rotationssymmetrischer Probleme eingesetzt werden.

Die in den Kapiteln 3.3 und 3.4 vorgestellten Modelle zur Beschreibung der spektralen Absorptionskoeffizienten wurden nun zunächst hinsichtlich ihrer Anwendbarkeit im untersuchten Fall getestet. Hierzu wurde die Strahlungsintensität aus der gemessenen Temperaturverteilung und den gemessenen Konzentrationen der Verbrennungsgase sowie des Flammenrußes berechnet. Daher ist hier die Berechnung der Strahlungsintensität nicht durch die mittels CFD modellierten Konzentrationen beeinflusst. Der Vergleich der gemessenen mit den berechneten Strahlungsintensitäten ist in den Abbildungen 6.2 und 6.3 dargestellt.

Die Abbildungen zeigen die gemessenen und berechneten Intensitätsspektren in acht verschiedenen Messebenen über die Höhe der Brennkammer. Der dargestellte Wellenlängenbereich erstreckt sich von 0 bis 10μm und umfasst somit alle starken Strahlungsbanden der beteiligten Gase und den Bereich in welchem mit Rußstrahlung zu rechnen ist. Die mit den gemessenen Spezieskonzentrationen berechneten Strahlungsintensitäten zeigen für alle Brennerabstände eine sehr gute Übereinstimmung mit den gemessenen Werten.

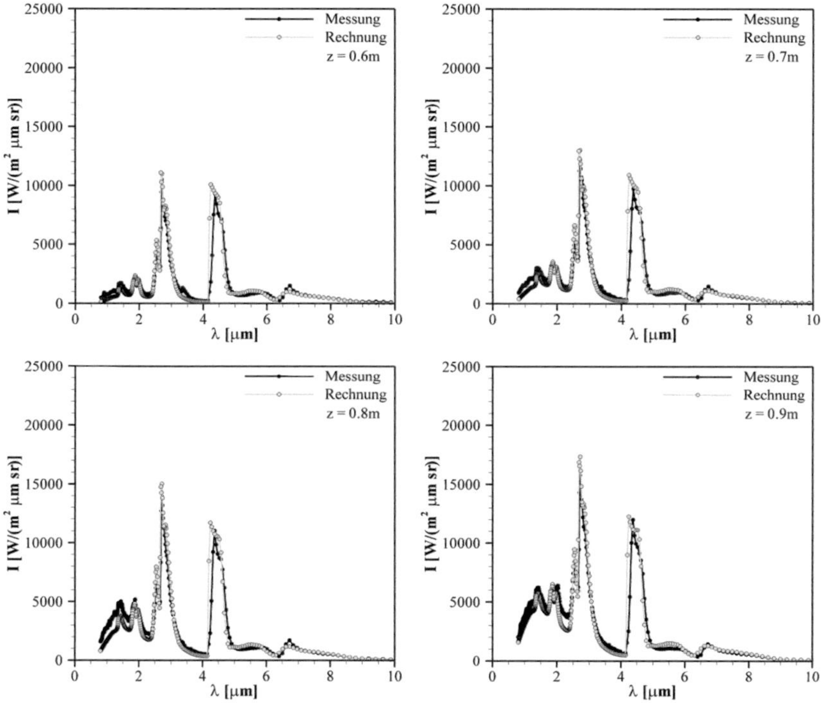

Abbildung 6.2: Gemessene und berechnete Strahlungsintensität.

Jeweils deutlich zu erkennen sind die H_2O-Banden bei 1,4 und 1,9 μm, die Überlagerungsbande von H_2O und CO_2 bei 2,7 μm und die CO_2-Bande bei 4,3 μm. Mit zunehmendem Brennerabstand kann bis zu einem Abstand von 1,1 m im gesamten spektralen Bereich bis 4 μm ein starkes Anwachsen des kontinuierlichen Anteils der Strahlungsintensität beobachtet werden. Für Brennerabstände über 1,1 m nimmt der Festkörperanteil wieder ab. Dies geht mit der Bildung und dem Abbrand des Flammenrußes einher. Zum Vergleich sind die berechnete und gemessene Rußkonzentration in Abb. 6.4 dargestellt. Trotz der starken Intensitätserhöhung durch den Flammenruß lassen sich die Strahlungsbanden der Gase noch deutlich identifizieren. Weiter ist zu erkennen, dass ab einem Brennerabstand von 1,1 m zunächst keine nennenswerte Veränderung in den Strahlungsbanden bei 2,7 μm und 4,3 μm zu beobachten ist. Dies

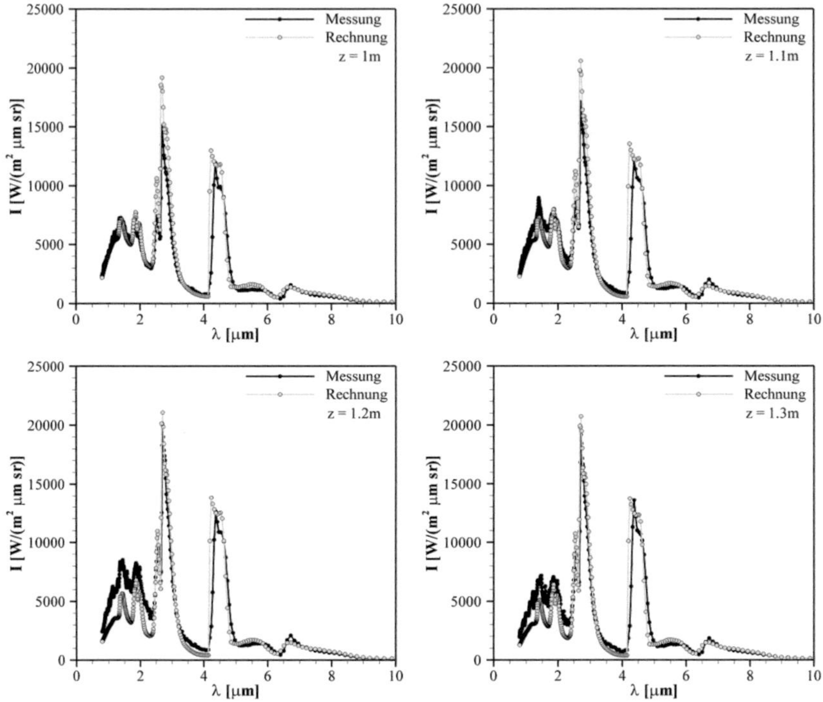

Abbildung 6.3: Gemessene und berechnete Strahlungsintensität.

deutet auf eine weitgehend homogene Konzentrations- und Temperaturverteilung in diesem Bereich hin.

Zur Berechnung der Rußkonzentration wurde auf einem Ansatz von Lee u. a. (1962) aufgebaut. Dieser wurde bereits von Bartenbach u. a. (1994) zur Ermittlung der Rußkonzentration in Propanflammen verwendet und entsprechend angepasst. Das Modell basiert auf einer zusätzlichen Transportgleichung (gemäß Gleichung 2.1) für die Rußkonzentration $c_{Ruß}$, welche die Wachstumsrate von Ruß mittels folgendem Quellterm berücksichtigt

$$\begin{aligned} S_{c_{Ruß}} &= k_1 \cdot exp\left[-\frac{1}{2} \cdot \left(\frac{T - T_{cmax}}{T_{c\sigma}}\right)^2\right] \cdot \left[max\left(\lambda_{TS} - \lambda; 0\right)\right]^2 \\ & -129,175 \cdot c_{Ruß}^{2/3} \cdot \frac{p_{O_2}}{\sqrt{T}} \cdot exp\left[-\frac{19850}{T}\right] \end{aligned} \tag{6.1}$$

Mit dem ersten Term auf der rechten Seite von Gleichung 6.1 wird die Rußbildung in Abhängigkeit der lokalen Luftzahl λ und der lokalen Temperatur T bestimmt. λ_{TS} stellt den Grenzwert der lokalen Luftzahl dar, ab welchem keine Rußbildung mehr stattfindet. In den durchgeführten Untersuchungen findet Rußbildung für Luftzahlen von $\lambda < \lambda_{TS} = 0,9$ statt. Der Einfluss der Temperatur auf die Rußbildung wird durch eine gaußsche Verteilung mit dem Maximalwert $T_{cmax} = 1624[K]$ und dem Abweichungswert $T_{c\sigma} = 108,3[K]$ angenommen. Der zweite Term auf der rechten Seite beschreibt die Weiteroxidation in Abhängigkeit des Partialdrucks des lokal vorhandenen Sauerstoffs p_{O_2} und der lokalen Temperatur. Da das Hauptaugenmerk in der vorliegenden Arbeit nicht auf der Modellierung der Rußkonzentration liegt, wird im Vergleich zu den erwähnten Literaturstellen der Wert von k_1 so angepasst, dass die gemessenen und berechneten Werte in möglichst guter Übereinstimmung liegen. Es wird für die Konstante der Wert $k_1 = 0,51$ verwendet. Entsprechend der Standardeinstellung des Strömungslösers wird in der Transportgleichung $\Gamma = \nu/Sc$ mit $Sc = 0,9$ verwendet.

Die sich ergebenden Werte der Rußkonzentration werden in Abb. 6.4 den Messwerten gegenübergestellt.

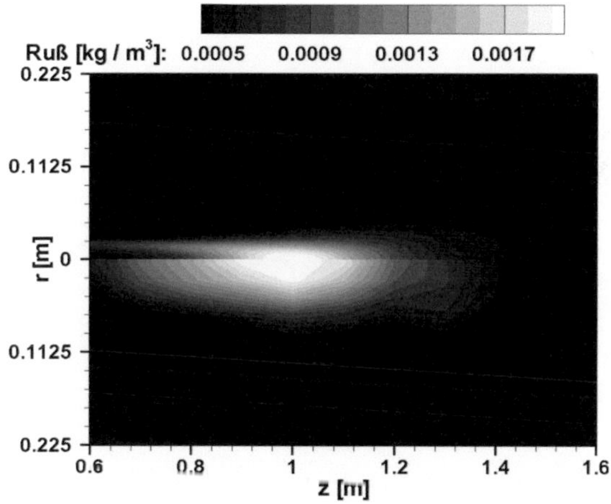

Abbildung 6.4: Berechnete (oben) und gemessene (unten) Rußkonzentration.

Um den Einfluss der Strahlung des Flammenrußes auf die berechnete Flammentemperatur zu erfassen, werden im Folgenden drei unterschiedliche Rechnungen betrachtet. Zur Beurteilung der Vorhersagefähigkeit der Berechnungen werden jeweils die ermittelten Temperaturverteilungen mit den gemessenen Werten verglichen.

Es wurde zunächst eine Berechnung der Brennkammer ohne Berücksichtigung des Strahlungsaustauschs durchgeführt. Wie zu erwarten war, ergibt sich ein deutlich unterschiedliches Flammenbild im Vergleich zur Messung. Die in Abb. 6.5 abgebildete berechnete Flamme brennt um mehrere hundert Kelvin zu heiß und ist deutlich zu lang.

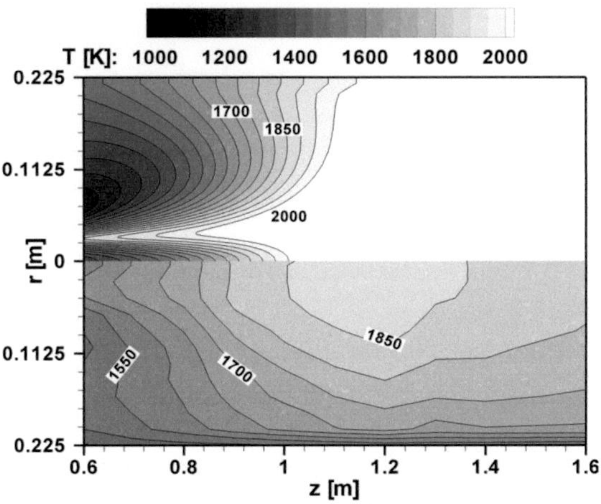

Abbildung 6.5: Vergleich Rechnung (oben) - Messung (unten): Rechnung berücksichtigt keine Strahlung.

Es wurden dann zwei weitere Rechnungen unter Berücksichtigung der Wärmestrahlung durchgeführt. Die Emissivität der Brennkammerwand wird in beiden Fällen mit einem Wert von $\varepsilon = 1$ als konstant und ideal schwarz strahlend angenommen. Da in den Experimenten die Wandtemperaturen nicht explizit gemessen wurden und die an das Kühlwasser abgegebene Wärmemenge nicht bekannt ist, kann in den Rechnungen kein entsprechendes Temperaturprofil an den Wänden vorgegeben werden. Es wird daher in den Strahlungsberechnungen davon ausgegangen, dass die Brennkammerwand die gleiche Temperatur wie die Strömung hat und es wird die Temperatur der jeweils wandnächsten Rechenknoten verwendet.

In einer ersten Berechnung des Strahlungsaustauschs wurde dann zunächst lediglich die Strahlung der gasförmigen Spezies betrachtet. In Abb. 6.6 ist ersichtlich, dass sich die Flammengeometrie und die erhaltenen Maximalwerte der Flammentemperatur nun der realen Flamme annähern. Nach wie vor ist die berechnete Maximaltemperatur jedoch immer noch deutlich höher als die experimentell ermittelte und die berechnete Flamme ist länger als dies im Experiment der Fall ist.

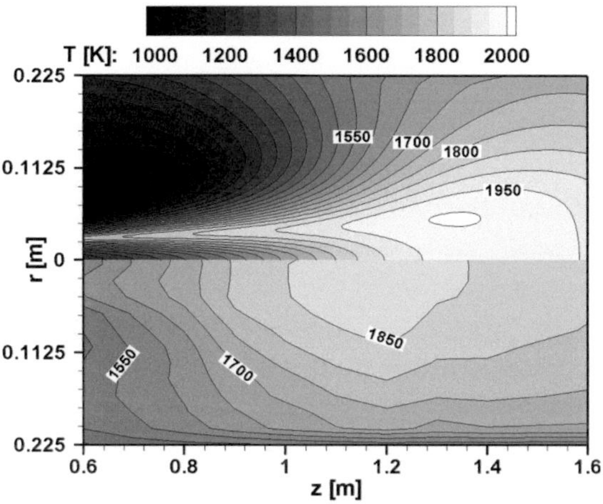

Abbildung 6.6: Vergleich Rechnung (oben) - Messung (unten): Rechnung berücksichtigt nur Gasstrahlung.

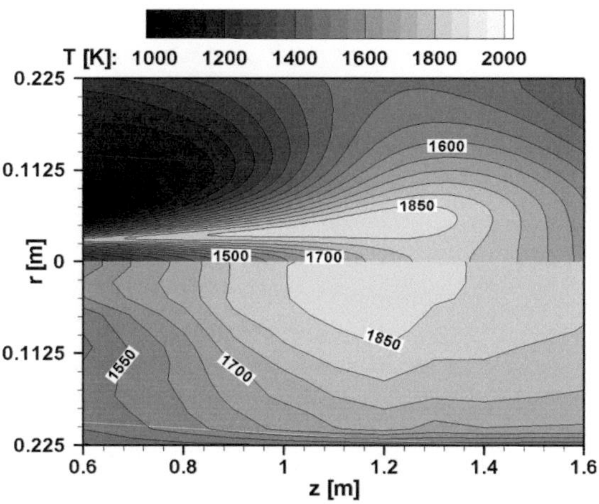

Abbildung 6.7: Vergleich Rechnung (oben) - Messung (unten): Rechnung berücksichtigt Gas- und Rußstrahlung.

In einer weiteren Rechnung wurde dann neben der Strahlung der Verbrennungsgase zudem die Strahlung des Flammenrußes berücksichtigt. Im Vergleich der Temperaturverteilungen, der in Abb. 6.7 dargestellt ist, ist jetzt zu erkennen, dass sich sowohl die

Lage, als auch der Wert des berechneten Temperaturmaximums in guter Übereinstimmung mit der experimentellen Flamme befinden.

Die entsprechenden Strahlungsquellterme sind in Abb. 6.8 dargestellt, wie sie jeweils in der Energiegleichung berücksichtigt werden. Negative Werte entsprechen hierbei abgegebener Strahlungswärme. Ausgehend von der Brenneröffnung kann entlang der Reaktionszone der Flamme und im daran anschließenden Heißgasbereich die Abgabe von Strahlungswärme beobachtet werden. Für den Fall, dass Rußstrahlung berücksichtigt wird, ist deutlich zu erkennen, dass im Bereich der höchsten Rußkonzentrationen die abgegebene Strahlungswärme deutlich zunimmt. Dies hat die gezeigte Verringerung der berechneten Flammentemperatur zur Folge.

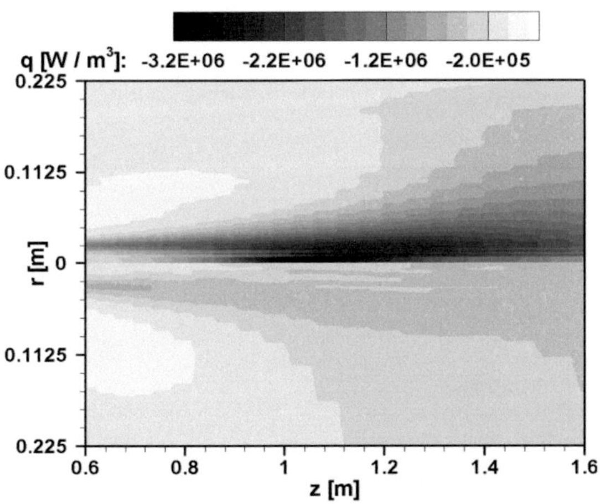

Abbildung 6.8: Vergleich der Strahlungsquellterme: mit (oben) und ohne (unten) Rußstrahlung.

Die in Abb. 6.7 ersichtliche Abweichung der berechneten Brennraumtemperatur von den gemessenen Werten in Brennernähe wird auf eine zu schwache Mischung der Strömung in diesem Bereich zurückgeführt. Denkbar ist auch, dass die Rezirkulation der Strömung in der Modellbrennkammer stärker war, als die Modellierung vorhersagt. Da an dieser Modellbrennkammer keine Geschwindigkeitsmessungen vorgenommen wurden, kann eine eindeutige Aussage über die Abweichungen des berechneten Strömungsfeldes nicht getroffen werden. Des Weiteren sind Einbußen bei der Beschreibung des Strahlungsverhaltens der Wände hinzunehmen, da hier nicht mit den real vorliegenden

Bedingungen verglichen werden kann. Stattdessen werden sowohl die Temperaturverteilung als auch die Wandemissivität wie beschrieben angenommen.

Mit den dargestellten Berechnungen wird gezeigt, dass die im Strahlungsberechnungsverfahren verwendeten Ansätze, sowie die allgemeine Umsetzung des Lösungsverfahrens und dessen Kopplung mit einem kommerziellen Strömungslöser zur Berechnung eingeschlossen brennender Flammen verwendet werden können. Die erzielten Ergebnisse eignen sich für eine qualitative Vorhersage der Lage und den Wert des Temperaturmaximums in der betrachteten Modellbrennkammer. Des Weiteren kann eine deutliche positive Beeinflussung der Flammengeometrie im Vergleich zu der vermessenen Flamme beobachtet werden

6.2 Propanfreistrahlflamme

6.2.1 Experimentelle Datenbasis

Zur Erzeugung der untersuchten Freistrahldiffusionsflamme wurde von Bartenbach (1998) eine senkrecht nach oben ausgerichtete Wirbelfadendüse mit einem Durchmesser von 4 mm verwendet. Als Brennstoff wurde Propan eingesetzt. Koaxial zum Düsenaustritt konnte die Flamme mit Wasserstoff stabilisiert werden. Die Flamme wurde in ruhender Umgebung betrieben und es stand somit ausreichend Umgebungsluft zur Verfügung, um die zur Verbrennung notwendige Luft anzusaugen. Die verwendeten Volumenströme sind:

$$\dot{V}_{Propan} = 1,151 \frac{m_N^3}{h} \text{ und } \dot{V}_{H_2} = 0,31 \frac{m_N^3}{h}$$

Während des Betriebes der Flamme wurden die Konzentrationen von O_2, H_2, CO, CO_2 und H_2O kontinuierlich mittels Absaugsondenmesstechnik gemessen. Die Rußkonzentation wurde ebenfalls mittels einer Absaugsonde gravimetrisch bestimmt. Die Messung der Temperaturverteilung geschah mit einer einfachen, gekröpften Thermoelementsonde. Die mit dem zylindrischen, $100\mu m$ Thermoelement gemessenen Temperaturen wurden als ausreichend genau angesehen, so dass keine explizite Strahlungskorrektur vorgenommen wurde. Der systematische Temperaturmessfehler der gewählten Messtechnik wird mit maximal $30K$ angegeben. Die für diese Flamme vorliegende Geschwindigkeitsverteilung wurde mit einer Prandtl-Sonde ermittelt. Alle Messungen wurden in jeweils

11 diskreten Brennabständen von $x/D = 20$ bis $x/D = 220$ über der Düsenöffnung durchgeführt.

6.2.2 Numerische Untersuchungen

Zur Berechnung der Flamme wurde ein strukturiertes, hexaedrisches Rechengitter mit drei Knoten in Umfangsrichtung erstellt. Das Rechengitter beginnt am unteren Rand mit der Halteplatte des Brenners und öffnet sich in axialer Richtung. Die Öffnung des Rechengitters soll die Aufweitung des Strahls in axialer Richtung und ein ausreichendes Einsaugen von Verbrennungsluft in den Strahl ermöglichen. Zur Modellierung der turbulenten Strömung wurde das Standard k-ε-Turbulenzmodell verwendet. Der Verbrennungsprozess wurde mittels eines Flamelet-Ansatzes beschrieben. Zur Berechnung der Strahlungswärmeabgabe des Flammenrußes wurden die gemessenen Rußkonzentrationen verwendet. Hierzu wurde die Verteilung auf dem Rechengitter mittels Interpolation bzw. Extrapolation aus den diskret ermittelten Werten berechnet.

Für eine Berechnung der Flamme mit Berücksichtigung von Gas- und Rußstrahlung ist in Abb. 6.9 die Axialgeschwindigkeit der Freistrahlflamme entlang der Symmetrieachse im Vergleich zur experimentell ermittelten Geschwindigkeit dargestellt.

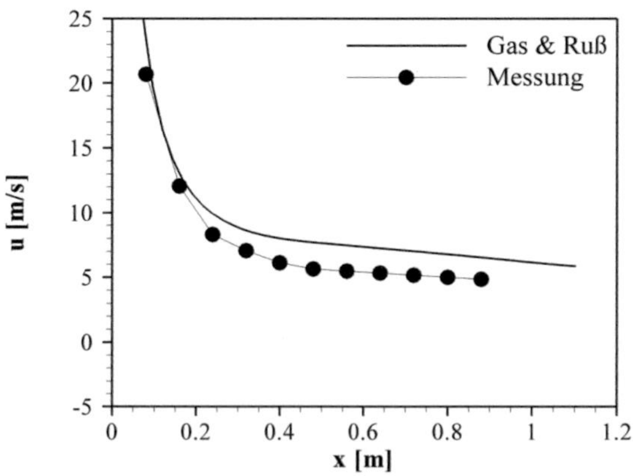

Abbildung 6.9: Propanfreistrahlflamme: Vergleich der berechneten und gemessenen Geschwindigkeiten entlang der Symmetrieachse.

Nach einer anfänglichen Übereinstimmung zwischen Messung und Rechnung liegen die berechneten Werte immer etwas oberhalb der Messung. Dieses Verhalten kann auch in den Abbildungen 6.15 und 6.16 dargestellten radialen Verläufen beobachten. Auch durch die Variation der Konstanten im verwendeten Turbulenzmodell konnte die Vorhersage der Strahlaufweitung nicht wesentlich verbessert werden, weshalb für die diskutierten Berechnungen die Standardkonstanten beibehalten wurden.

Wie bereits bei der im vorangegangen Abschnitt diskutierten Modellbrennkammer wird auch im Falle der Freistrahlflamme die Temperaturverteilung zur Bewertung der Berechnungsergebnisse verwendet. Der Einfluss der Wärmeabgabe durch Strahlung auf die berechneten Flammentemperaturen und die sich ergebende Flammenlänge sind in Abb. 6.10 entlang der Symmetrieachse dargestellt. Als Vergleichsbasis wurde die Flamme ohne Berücksichtigung von Strahlung berechnet. Anschließend fand die Berücksichtung der Wärmeabgabe durch Gasstrahlung statt und in einer weiteren Rechnung wurden sowohl Gas- als auch Rußstrahlung berücksichtigt. Im Vergleich zu den Berechnungen sind ebenfalls die gemessenen Temperaturen aufgetragen. Die Temperaturverläufe aller Rechnungen entsprechen tendenziell dem Verlauf der gemessenen Temperaturverteilung. Ausgehend von der Brennerdüse steigt die Temperatur entlang der Flammenachse deutlich an, bevor sie in weiterer Entfernung vom Brenner wieder abnimmt.

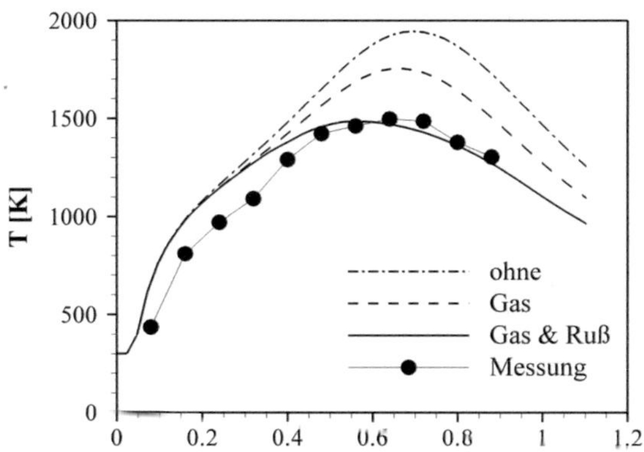

Abbildung 6.10: Propanfreistrahlflamme: Vergleich der berechneten und gemessenen Temperaturen entlang der Symmetrieachse.

Im Vergleich zu den Messungen ist bei der Rechnung ohne Strahlungsberücksichtigung ein steilerer Anstieg der Temperatur zu beobachten. Neben der über 400 K zu hohen Maximaltemperatur wird auch die Flammenlänge zu lang vorhergesagt. Durch die Berücksichtigung der Gasstrahlung verringert sich der Gradient, mit dem die Flammentemperatur entlang der Achse ansteigt geringfügig und die Flamme wird kälter. Insgesamt ist die Flamme jedoch immer noch zu heiß und zu lang. Erst durch die Berücksichtigung von Gas- und Rußstrahlung nimmt die berechnete Flammentemperatur so stark ab, dass sie in weiten Bereichen mit der gemessenen Temperatur übereinstimmt. Besonders die Maximaltemperatur und die Flammenlänge können mit dieser Berechnung sehr gut vorhergesagt werden.

Der Verlauf der berechneten Flammentemperatur in Brennernähe kann in allen drei untersuchten Fällen bis zu einem Brennerabstand von $x/D = 60$ als nahezu identisch angesehen werden. In diesem Bereich der Flamme liegen vergleichsweise niedrige Temperaturen und geringe Konzentrationen der strahlungsaktiven Gase vor. Zudem setzt die Rußbildung erst allmählich ein. Dementsprechend fällt die berechnete abgegebene Strahlungswärme zu gering aus. Die Temperatur in diesem Bereich wird daher maßgeblich durch das verwendete Verbrennungs- und Mischungsmodell bestimmt.

Die berechnete Flammentemperatur wird für die untersuchten Fälle in den Abbildungen 6.11 und 6.12 in den Messebenen zusammen mit den Messdaten in radialen Schnitten dargestellt. Das Auffüllen der Nachlaufdelle geschieht in den Rechnungen langsamer, als dies von den Messungen her zu erwarten wäre. Durch die in den Berechnungen erhaltenen höheren Geschwindigkeit auf der Symmetrieachse dringt der berechnete Strahl mit einem höheren Impuls in die ruhende Umgebung ein, was als Grund für die länger erkennbare Nachlaufdelle angesehen werden kann. Eine weitere Folge der höheren Geschwindigkeiten ist die im Vergleich zu den Messungen langsamere Aufweitung der berechneten Temperaturprofile.

Die allgemeine Abnahme der Flammentemperatur, insbesondere in der Strahlmitte, zwischen den unterschiedlichen Rechnungen ist bei allen Brennerabständen oberhalb $x/D = 60$ auch in den radialen Profilen ersichtlich. Die einzelnen Profile nähern sich im kalten Außenfeld wieder einander an. Wie bereits bei den Temperaturen auf der Symmetrieachse angesprochen, lassen sich auch die radialen Profile der in Brennernähe berechneten Temperaturen kaum voneinander unterscheiden. Für den Fall der Berücksichtigung von Gas- und Rußstrahlung kann in allen Brennerabständen die beste Übereinstimmung mit den Messwerten festgestellt werden.

Die Entwicklung der berechneten Strahlungsquellterme kann für die vermessenen Brennerabstände in den Abbildungen 6.13 und 6.14 nachvollzogen werden. Zusammen mit den volumetrischen Quelltermen sind die gemessenen Rußkonzentrationen abgebildet. Diese Zusammenstellung macht den signifikanten Einfluss der Rußstrahlung auf die insgesamt emittierte Wärmemenge nochmals deutlich. Mit zunehmendem Brennerabstand kann in beiden Fällen zunächst die Emission aus der Scherschicht des Strahls beobachtet werden. Für weiter entfernte Brennerabstände nimmt dann auch die Emission aus der Strahlmitte erkennbar zu, durchschreitet ein Maximum und nimmt schließlich wieder ab. Sobald die Rußproduktion merklich einsetzt trennen sich die Verläufe der Quellterme erwartungsgemäß. Für die Positionen von $x/D = 120$ bis $x/D = 160$ werden für den Quellterm mit Rußberücksichtigung auf der Symmetrieachse sogar Werte erreicht, die mehr als 300% über den Werten reiner Gasstrahlung liegen. In großen Brennerabständen ist eine Abnahme der Rußkonzentrationen und ein Angleichen der Quellterme ersichtlich.

Mit den diskutierten Berechnungen wurde gezeigt, dass das entwickelte Berechnungsverfahren sich zur Vorhersage der Strahlungsverluste von leuchtenden Freistrahlflammen eignet. Insbesondere wurde gezeigt, dass in Kopplung mit einem kommerziellen Strömungslöser sowohl die maximale Flammentemperatur auf der Strahlachse als auch die Flammenlänge korrekt vorhergesagt werden können. Der zu breit vorhergesagte Freistrahl lässt sich vermutlich auf das verwendete Turbulenzmodell zurückführen. Bei Verwendung des Standard k-ε-Modells kann der Aufweitungswinkel eines Freistrahles um bis zu 30% zu groß vorhergesagt werden (Hettel (2006)), was ein zu breiten Strahl zur Folge hat. Zur Verbesserung könnte das Standard k-ε-Modell mit einer von Pope (1978) zu diesem Zweck abgeleiteten Korrekturfunktion erweitert werden.

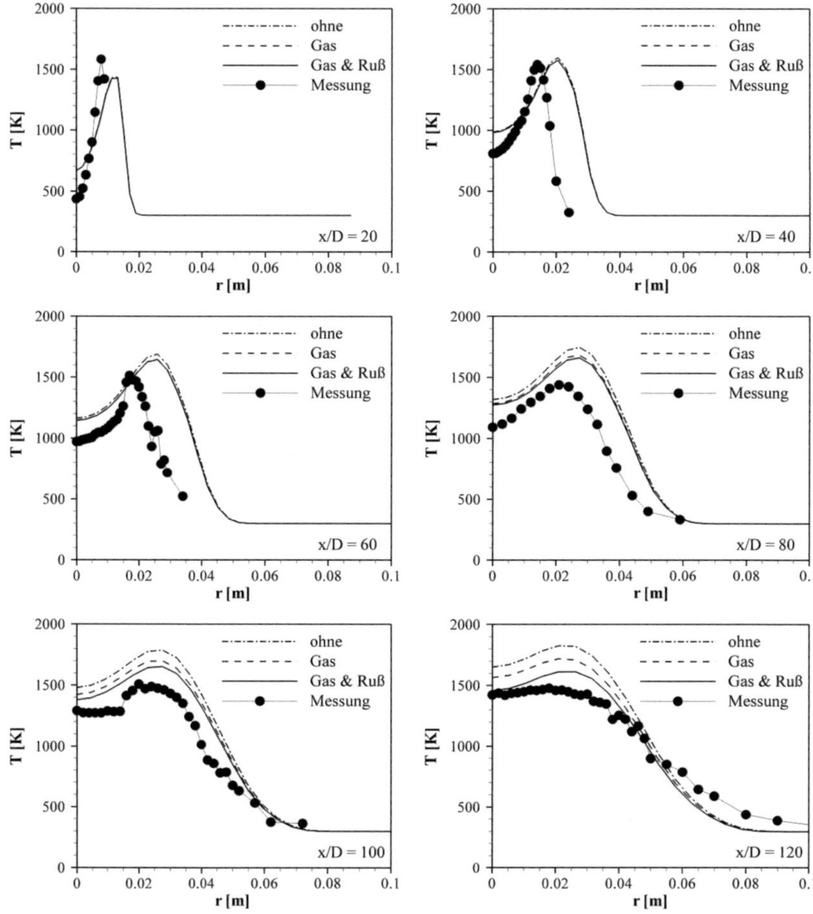

Abbildung 6.11: Propanfreistrahlflamme: Vergleich der berechneten und gemessenen Temperaturen.

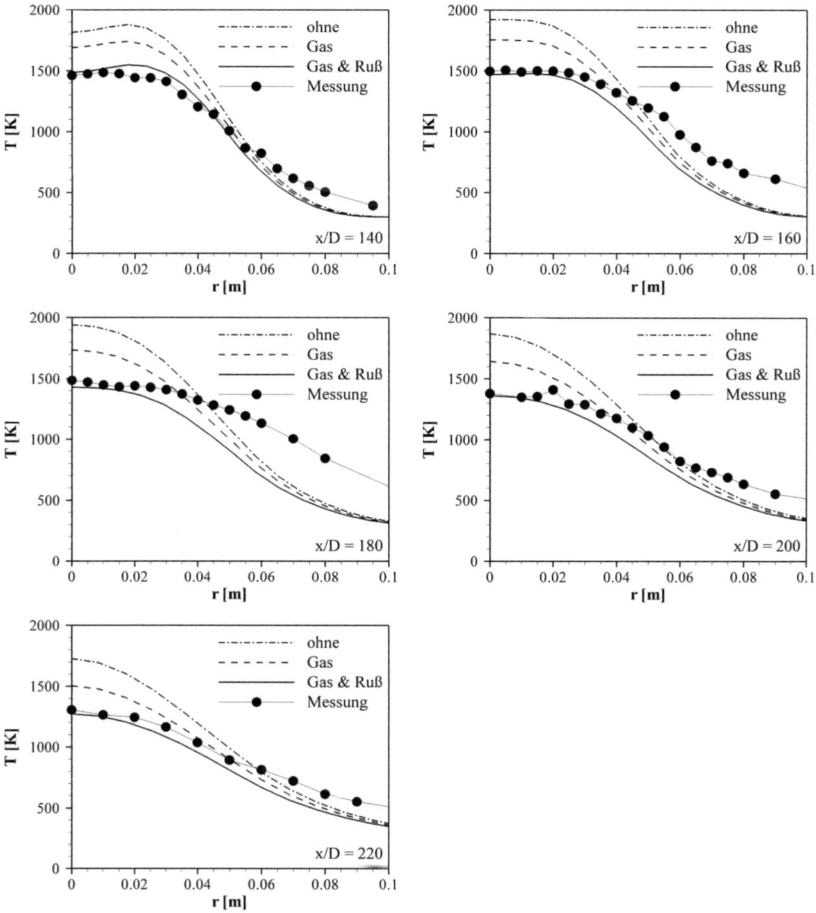

Abbildung 6.12: Propanfreistrahlflamme: Vergleich der berechneten und gemessenen Temperaturen in radialen Ebenen.

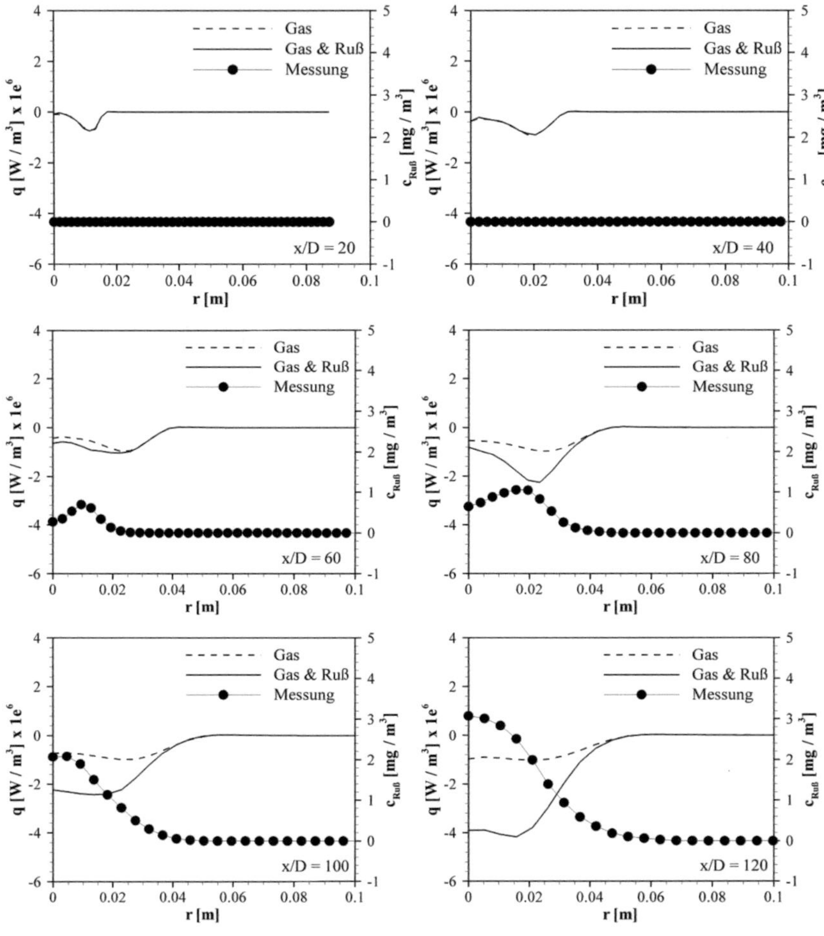

Abbildung 6.13: Propanfreistrahlflamme: Gemessene Rußkonzentration und berechnete Strahlungsquellterme in radialen Ebenen.

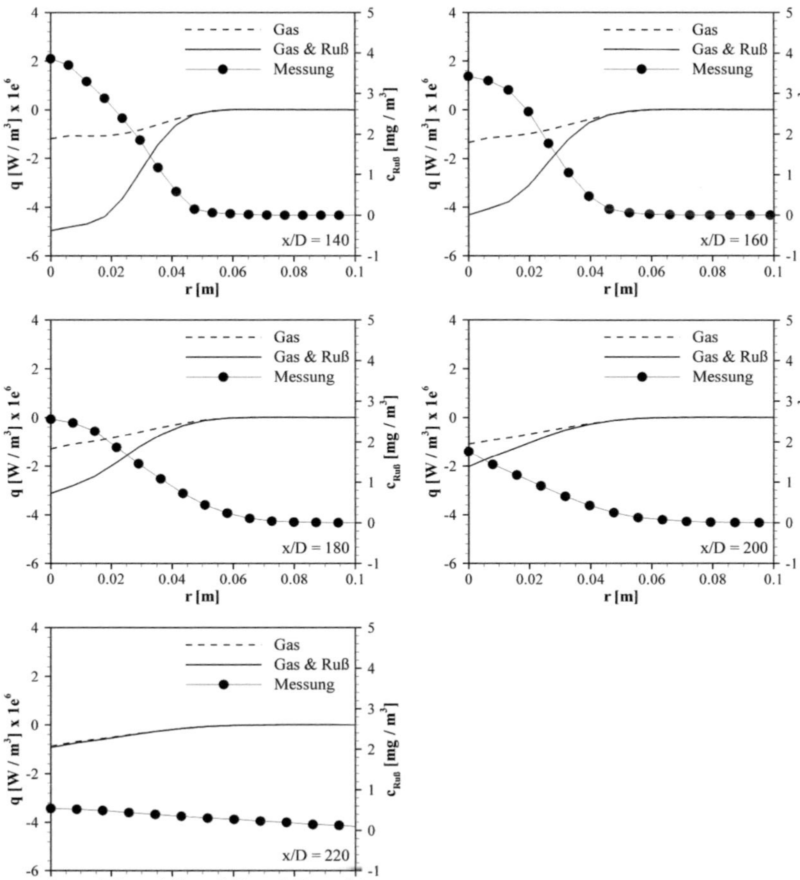

Abbildung 6.14: Propanfreistrahlflamme: Gemessene Rußkonzentration und berechnete Strahlungsquellterme in radialen Ebenen.

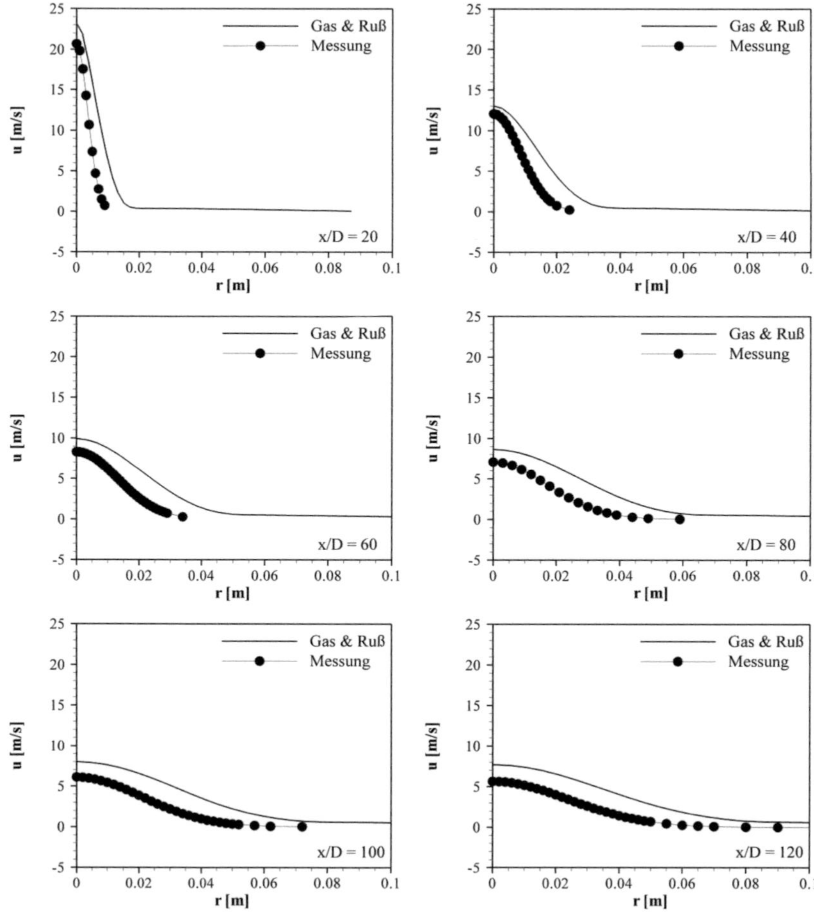

Abbildung 6.15: Propanfreistrahlflamme: Vergleich der berechneten und gemessenen Geschwindigkeiten in radialen Ebenen.

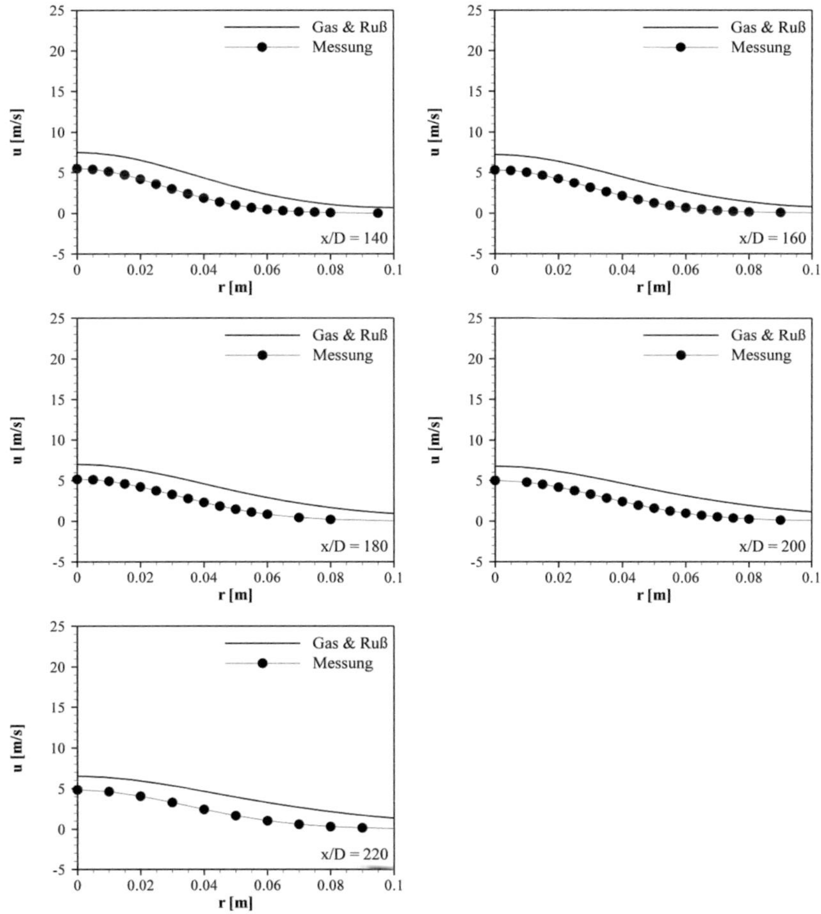

Abbildung 6.16: Propanfreistrahlflamme: Vergleich der berechneten und gemessenen Geschwindigkeiten in radialen Ebenen.

7 Zusammenfassung

Der Strahlungswärmeaustausch stellt bei Hochtemperaturprozessen den dominierenden Wärmeübertragungsmechanismus dar. Der Einfluss der genauen Vorhersage des Strahlungsaustauschs auf die Berechnungsergebnisse eines simulierten Verbrennungssystems wird besonders bei den sich ergebenden Flammentemperaturen und Wandtemperaturen ersichtlich. Zudem werden durch die Rückkopplung der Wärmestrahlung mit dem Strömungsfeld auch die Mischungs- und reaktionskinetischen Prozesse in einer Flamme durch den Strahlungswärmeaustausch beeinflusst.

Die bei Verbrennungsprozessen maßgeblichen strahlungsaktiven Rauchgaskomponenten sind CO_2 und H_2O sowie CO. Die einzelnen Gase strahlen in diskreten Spektralbanden, die je nach Molekül stärker oder schwächer ausfallen und sich gegenseitig überlagern können. Die einzelnen Strahlungsbanden sind in eine Vielzahl von Spektrallinien unterteilt. Um ein aufwändiges line-by-line Berechnungsverfahren zu vermeiden, wurde bei den durchgeführten Berechnungen zur Erfassung des spektralen Charakters der Strahlungseigenschaften ein Statistical-Narrow-Band Ansatz zur Modellierung verwendet.

Werden rußende Flammen betrachtet, kann die durch den Flammenruß abgegebene Strahlungswärme deutlich größer als die der Verbrennungsgase werden. Zur korrekten Vorhersage der Strahlungsintensität ist es notwendig die Strahlungseigenschaften von Ruß ebenfalls spektral zu modellieren. Für die untersuchten Propanflammen konnt mit dem verwendeten Ansatz eine sehr gute Übereinstimmung zwischen gemessenen und berechneten Intensitätsspektren erzielt werden. Wegen unterschiedlicher Rußformen und der Veränderung der Rußstruktur mit fortschreitendem Rußalter ist für die Charakterisierung der Strahlungseigenschaften von Flammenruß momentan keine für alle Brennstoffe allgemeingültige Modellierung verfügbar. Eine weitere Vertiefung der Untersuchungen der Strahlungseigenschaften des Rußes kann zukünftig die Vorhersagequalität der Wärmeabgabe rußender Flammen verbessern.

Zur Berechnung des Strahlungswärmeaustauschs wurde ein statistisches Lösungsverfahren verwendet. Das zur Lösung der Strahlungstransportgleichung entwickelte, dreidimensionale Monte-Carlo Berechnungsverfahren beruht auf grundlagenorientierten Ansätzen. Diesem Verfahren liegt die Annahme zugrunde, dass sich Strahlung in Form einzelner Energiebündel, die entlang zufällig ermittelter Raumrichtungen und bei zufällig ermittelten Wellenlängen emittiert werden, modellieren lässt. Mit dieser Annahme kann man auf Lösen eines Differenzialgleichungssystems verzichte. Statt dessen benötigt man einen Strahlenverfolgungsalgorithmus, welcher es ermöglicht die einzelnen Energiebündel durch das Rechengitter zu verfolgen. Mit dem entwickelten Verfahren erfolgt die Ermittlung der Intensitätsabschwächung eines Energiebündels durch ein strahlungsaktives, emittierendes und absorbierendes jedoch nicht streuendes Medium wahlweise mit grau modellierten oder spektral aufgelösten Strahlungseigenschaften. Streuungseffekte wurden im Rahmen dieser Arbeit nicht untersucht. Durch eine für die Strahlenverfolgungsprozedur geeignete Parallelisierung kann für eine hohe Anzahl an Energiebündeln das Berechnungsprogramm effizient betrieben werden. Eine weitere Steigerung der Effizienz des entwickelten Berechnungsverfahrens beispielsweise durch eine Optimierung des Vergröberungsverfahrens erreicht werden.

Anhand mehrerer akademischer Testfälle konnte in Kapitel 5 die hohe Genauigkeit des vorgestellten Berechnungsverfahrens demonstriert werden. Im Vergleich zu den Lösungen anderer Berechnungsmethoden werden mit dem hier entwickelten Verfahren in allen untersuchten Fällen gut übereinstimmende Ergebnisse erzielt. Zur Untersuchung realer Flammen werden zur Ermittlung des Strahlungswärmeaustauschs sowohl Temperatur- als auch Speziesverteilung mit einem kommerziellen Strömungslöser ermittelt. Durch die Kopplung beider Berechnungsverfahren kann der Strahlungsquellterm beim Lösen der Energieerhaltungsgleichung berücksichtigt werden. Die durchgeführten Untersuchungen an zwei unterschiedlichen Propanflammen belegen die Eignung des beschriebenen Verfahrens zur Modellierung technischer Verbrennungssysteme. Insbesondere hinsichtlich der berechneten Flammentemperaturen und Flammenlängen konnten sehr gute Übereinstimmungen mit entsprechenden Messdaten erzielt werden.

Zur Berechnung der Strahlungsquellterme beider Flammen werden jeweils die aus der Strömungssimulation erhaltenen Mittelwerte der Spezieskonzentrationen und der Temperatur verwendet. In anderen Arbeiten (siehe z.B. Krebs (1995), Li und Modest (2003)) konnte bereits gezeigt werden, dass die Berücksichtigung turbulenter Schwankungsgrößen Einfluss auf die Strahlungsintensität ausübt. Ebenso wie für die Erhaltungsgleichungen der Masse, des Impulses und der Energie kann für die Strahlungstransportgleichung eine Reynolds'sche Mittelung durchgeführt werden. Für die Strahlungsintensität und die Strahlungseigenschaften sind dann neben dem jeweiligen Mittelwert zusätzlich deren Schwankungswerte, sowie entsprechende Korrelationsterme zu berücksichtigen. Analog zur Ermittlung der mittleren Strahlungsgrößen aus den jeweils mittleren Spezieskonzentrationen und Temperaturen lassen sich die Schwankungswerte der Strahlungsgrößen aus den Varianzen der Konzentrationen sowie der Temperatur ermitteln. Das Phänomen der Kopplung zwischen Turbulenz und Strahlung ist ein aktuelles Forschungsgebiet (siehe z.B.Wang u. a. (2008)). Durch die Berücksichtigung von Strahlungs-Turbulenz-Wechselwirkungen in dem bereitgestellten Berechnungsverfahren ist es vorstellbar in weiterführenden Arbeiten eine noch höhere Genauigkeit der berechneten Flammentemperaturen zu erzielen.

Neben der Lösung des Strahlungstransportproblems in konventionellen Verbrennungssystemen, bietet das entwickelte Berechnungsverfahren die Möglichkeit den Wärmeübergang durch Strahlung in hoch komplexen Geometrien zu ermitteln. Die Ermittlung der Strahlungseigenschaften von Schüttungen und porösen Strukturen (z.B. Katalysatoren) lässt sich, angesichts der Tatsache nicht an gegebene Raumrichtungen gebunden zu sein, besonders mit Monte-Carlo Berechnungsverfahren realisieren. Grundlagenorientierte Untersuchungen hierzu wurden unter Anderem von Tancrez und Taine (2004) und Petrasch u. a. (2007) durchgeführt. Der Einsatz poröser, keramischer Strukturen in Verbrennungssystemen macht auch für dieses Einsatzgebiet grundlegende Untersuchung hinsichtlich sicherheitsrelevanter als auch ökonomischer Gesichtspunkte unumgänglich. In nachfolgenden Arbeiten ist der Einsatz des entwickelten Berechnungsverfahrens insbesondere zur Ermittlung der Wärmeübertragungsmechanismen im Inneren solcher Porenbrenner als auch deren Wärmeabgabe an die Umgebung denkbar.

A Akademische Testfälle

A.1 Parallele Platten

Zur Herleitung des Nettostrahlungsflusses wird in Abb. A.1 exemplarisch die von Platte 1 abgegeben Wärmestrahlung zwischen den Platten reflektiert und um den jeweiligen absorbierten Anteil, entsprechend ε_1 bzw. ε_2, abgeschwächt. Die Abschwächung kann mit einer geometrischen Reihe beschrieben werden.

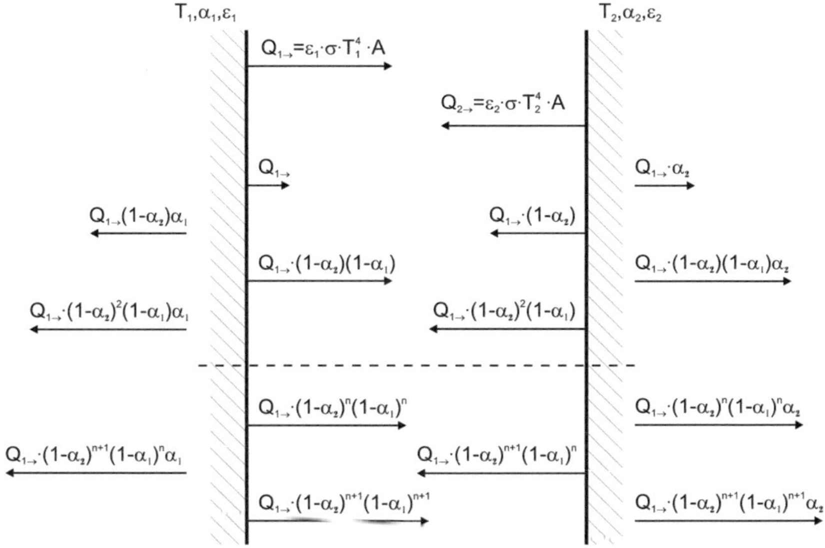

Abbildung A.1: Zur Herleitung des Nettostrahlungsflusses auf zwei parallele Platten.

Für den von Platte 1 emittierten und von Platte 2 absorbierten Strahlungsfluss ergibt sich:

$$Q_{1\rightarrow} \cdot \alpha_2 \sum_{n=0}^{\infty} (1-\alpha_1)^n \, (1-\alpha_2)^n = Q_{1\rightarrow} \cdot \frac{\alpha_2}{1-(1-\alpha_1)\,(1-\alpha_2)}$$

Für den von Platte 1 emittierten und von Platte 1 absorbierten Strahlungsfluss ergibt sich:

$$Q_{1\rightarrow} \cdot \alpha_1 (1-\alpha_2) \cdot \sum_{n=0}^{\infty} (1-\alpha_2)^n \cdot (1-\alpha_1)^n = Q_{1\rightarrow} \cdot \frac{\alpha_1 (1-\alpha_2)}{1-(1-\alpha_1)(1-\alpha_2)}$$

Analog absorbiert Platte 1 den von Platte 2 emittierten Strahlungsfluss:

$$Q_{2\rightarrow} \cdot \alpha_1 \sum_{n=0}^{\infty} (1-\alpha_1)^n (1-\alpha_2)^n = Q_{2\rightarrow} \cdot \frac{\alpha_1}{1-(1-\alpha_1)(1-\alpha_2)}$$

Der daraus resultierende Nettostrahlungsfluss ist dann:

$$\begin{aligned} Q_{net} &= \frac{\alpha_2 Q_{1\rightarrow} - \alpha_1 Q_{2\rightarrow}}{1-(1-\alpha_1)(1-\alpha_2)} \\ &= \frac{\alpha_2 \varepsilon_1 T_1^4 - \alpha_1 \varepsilon_2 T_2^4}{1-(1-\alpha_1)(1-\alpha_2)} \sigma A \\ & \quad \text{mit } \varepsilon_i = \alpha_i \text{ folgt dann} \\ &= \frac{1}{\frac{1}{\varepsilon_1}+\frac{1}{\varepsilon_2}-1} \left(T_1^4 - T_2^4\right) \sigma A \end{aligned}$$

A.2 Profile

r $[m]$	z $[m]$	T [°C] 29	T [°C] 11
1.000	0.000	504	616
1.000	0.185	504	616
1.000	0.555	485	610
1.000	0.925	521	681
1.000	1.295	510	710
1.000	1.665	575	780
1.000	2.035	560	780
1.000	2.405	628	827
1.000	2.775	640	820
1.000	3.145	693	812
1.000	3.515	705	775
1.000	3.885	749	736
1.000	4.255	775	718
1.000	4.625	804	683
1.000	4.995	815	645
1.000	5.365	826	615
1.000	5.735	835	561
1.000	6.105	841	578
1.000	6.290	1098	578

r $[m]$	z $[m]$	$q[kW/m^2]$ 29	$q[kW/m^2]$ 11
1.000	0.555	30.5	57.5
1.000	0.925	28.5	65.0
1.000	1.295	28.0	76.0
1.000	1.665	30.0	85.0
1.000	2.035	34.5	92.0
1.000	2.405	39.0	98.5
1.000	2.775	44.5	91.5
1.000	3.145	51.5	82.0
1.000	3.515	58.5	76.0
1.000	3.885	66.0	70.0
1.000	4.255	76.0	62.5
1.000	4.625	86.5	55.5
1.000	4.995	94.0	48.0
1.000	5.365	102.5	42.5
1.000	5.735	110.5	39.0
1.000	6.105	116.0	36.5

Tabelle A.1: RADIARE Testfälle 3 und 4: Wandtemperaturen (links) und einfallender Wandwärmestrom (rechts) für die Flammen 29 und 11.

		Feuerfeststein		Kühlringe		
r $[m]$	z $[m]$	A $[m^2]$	ε $[-]$	A $[m^2]$	ε $[-]$	ε_{eff} $[-]$
0.000	0.000					0.637
0.185	0.000					0.500
0.370	0.000					0.500
0.555	0.000	1.290	0.500			0.514
0.740	0.000	1.290	0.500			0.514
1.000	0.000	2.051	0.500			0.514
1.000	0.185	2.396	0.500	1.653	0.800	0.659
1.000	0.555	2.396	0.500	1.653	0.800	0.659
1.000	0.925	2.396	0.500	1.653	0.800	0.659
1.000	1.295	2.396	0.500	1.653	0.800	0.659
1.000	1.665	2.396	0.500	1.653	0.800	0.659
1.000	1.665	2.396	0.500	1.653	0.800	0.659
1.000	2.035	2.396	0.500	1.653	0.800	0.659
1.000	2.405	2.580	0.500	1.571	0.800	0.678
1.000	2.775	2.368	0.500	1.571	0.800	0.650
1.000	3.145	2.580	0.500	1.571	0.800	0.678
1.000	3.515	2.368	0.500	1.571	0.800	0.650
1.000	3.885	2.580	0.500	1.571	0.800	0.678
1.000	4.255	2.368	0.500	1.571	0.800	0.650
1.000	4.625	2.580	0.500	1.571	0.800	0.678
1.000	4.995	2.368	0.500	1.571	0.800	0.650
1.000	5.365	2.580	0.500	1.571	0.800	0.678
1.000	5.735	2.368	0.500	1.571	0.800	0.650
1.000	6.105	2.580	0.500	1.571	0.800	0.678
1.000	6.290	2.368	0.500			0.500
0.740	6.290	2.150	0.500			0.500
0.555	6.290	2.150	0.500			0.500
0.370	6.290					0.900
0.185	6.290					0.900
0.000	6.290					0.900

Tabelle A.2: RADIARE Testfälle 3 und 4: Verteilung der effektiven Wandemissivät für die Flammen 29 und 11.

		Brennerabstand [m]													
r[m]	0.370	0.555	0 740	0.925	1.110	1.295	1.480	1.665	1.850	2.035	2.750	3.500	4.250	5.000	5.750
0.000	75	100	205	355	480	615	730	850	972	1065	1370	1370	1325	1285	1215
0.025	89	110	220	390	540	660	795	885	985	1088	1372	1370	1327	1285	1215
0.050	85	190	405	605	710	830	915	980	1050	1135	1375	1380	1330	1285	1215
0.075	125	180	560	915	990	1045	1025	1090	1130	1182	1383	1380	1327	1285	1215
0.100	260	255	385	855	1100	1170	1200	1150	1170	1195	1385	1380	1325	1285	1215
0.125	425	345	350	590	910	1065	1160	1120	1150	1175	1377	1370	1318	1280	1212
1.150	570	450	390	465	690	850	1030	1017	1085	1117	1370	1360	1317	1275	1210
0.175	610	525	475	467	606	730	875	880	975	1090	1350	1350	1317	1272	1207
0.200	630	595	565	470	523	610	730	770	880	950	1330	1340	1310	1270	1205
0.300	630	610	605	590	570	560	580	620	670	702	1075	1220	1270	1245	1190
0.400	630	620	605	600	595	600	595	610	632	660	880	1080	1210	1200	1170
0.500	630	615	600	595	595	595	595	610	640	655	810	985	1150	1160	1150
0.600	630	610	595	595	585	585	575	610	635	670	790	955	1095	1125	1130
0.700	630	605	595	595	575	575	565	585	595	655	790	925	1050	1080	1110
1.000	495	485	503	521	516	510	543	575	568	560	640	705	775	815	835

Tabelle A.3: RADIARE Testfälle 3 und 4: Flammentemperaturen in [°C] für die Flammen 29.

		Brennerabstand [m]												
r(m)	0.370	0.555	0.740	0.925	1.110	1.295	1.480	1.665	1.850	2.035	2.750	3.500	4.250	5.000	5.750
0.000	1590	1490	1480	1430	1385	1340	1290	1260	1215	1190	1110	1000	915	860	790
0.025	1550	1495	1472	1427	1380	1336	1286	1257	1213	1190	1110	1000	913	856	792
0.050	1510	1500	1465	1425	1377	1332	1282	1255	1212	1190	1110	1000	912	853	793
0.075	1470	1490	1457	1417	1373	1329	1278	1252	1211	1190	1110	1000	911	850	794
0.100	1440	1480	1450	1410	1370	1325	1275	1250	1210	1190	1110	1000	910	847	795
0.125	1310	1430	1435	1390	1351	1311	1271	1243	1202	1186	1108	1000	910	847	795
0.150	1158	1386	1425	1370	1332	1297	1267	1237	1195	1182	1107	1000	911	846	796
0.175	986	1310	1390	1350	1313	1283	1253	1231	1187	1178	1106	1000	911	846	796
0.200	815	1235	1325	1330	1295	1270	1240	1225	1180	1175	1105	1000	912	846	797
0.300	820	990	1125	1175	1105	1165	1170	1160	1140	1145	1100	1000	915	845	800
0.400	790	845	960	1035	1060	1070	1080	1115	1100	1110	1097	1010	922	862	795
0.500	780	680	810	910	950	985	1010	1040	1065	1080	1095	1020	930	880	790
0.600	770	722	790	850	890	930	970	1000	1040	1060	1080	1020	925	870	785
0.700	760	765	789	810	860	920	960	995	1030	1055	1065	1020	920	860	780
1.000	613	610	646	681	696	710	745	780	780	780	820	775	718	645	561

Tabelle A.4: RADIARE Testfälle 3 und 4: Flammentemperaturen in [°C] für die Flammen 11.

Literaturverzeichnis

[ANSYS, Inc.] ANSYS, Inc. (Veranst.): *ANSYS CFX, Release 11.0*

[Bartenbach 1998] BARTENBACH, B.: *Untersuchungen zur Rußbildung und Rußoxidation unter den Bedingungen turbulenter Diffusionsflammen*, Universität Karlsruhe (TH), Fakultät für Chemieingenieurwesen, Dissertation, 1998

[Bartenbach u. a. 1994] BARTENBACH, B. ; HIRSCH, C. ; HUTH, M. ; LEUCKEL, W.: Modelling and validation of soot concentration patterns of turbulent diffusion flames based on data from plug flow reactor experiments. In: *Chemical Engineering and Proccessing* 33 (1994), S. 401–408

[Bird u. a. 2002] BIRD, R. B. ; STEWART, W. E. ; LIGHTFOOT, E. N.: *Transport Phenomena*. 2. John Wiley Sons, Inc, 2002

[Boussinesq 1877] BOUSSINESQ, J.: Théorie de l'écoulement tourbillant. In: *Mém. Prés. Acad Sci.* 22 (1877), Nr. 6

[Boynton und Ludwig 1971] BOYNTON, F. P. ; LUDWIG, C. B.: Total emissivity of hot water vapor—II. semi-empirical charts deduced from long-path spectral data. In: *International Journal of Heat and Mass Transfer* 14 (1971), Nr. 7, S. 963–973

[Brewster 1992] BREWSTER, M. Q.: *Thermal Radiative Transfer and Properties*. John Wiley Sons, Inc, 1992

[Bronstein u. a. 1999] BRONSTEIN, I.N. ; SEMENDJAJEW, K.A. ; MUSIOL, G. ; MÜHLIG, H.: *Taschenbuch der Mathematik*. 4. Verlag Harri Deutschland, 1999

[Chai u. a. 1993] CHAI, J.C. ; LEE, HO.S. ; PATANKAR, S.V.: Ray Effect and False Scattering in the Discrete Ordinates Method. In: *Numerical Heat Transfer, Part B: Fundamentals* 24 (1993), S. 373–389

[Chandrasekhar 1960] CHANDRASEKHAR, S.: *Radiative transfer.* Dover Publications, 1960

[Chang und Charalampopoulos 1990] CHANG, H. ; CHARALAMPOPOULOS, T.T.: Determination of the Wavelength Dependence of Refractive Indices of Flame Soot. In: *Mathematical and Physical Sciences* 430 (1990), Nr. 1880, S. 576–591

[Cherkaoui u. a. 1996] CHERKAOUI, M. ; DUFRESNE, J. L. ; FOURNIER, R. ; GRANDPEIX, J. Y. ; LAHELLEC, A.: Monte-carlo simulation of radiation in gases with a narrow-band model and a net-exchange formulation. In: *Journal of Heat Transfer* 118 (1996), Nr. 2, S. 401–407

[Coelho 2002] COELHO, P.: The role of ray effects and false scattering on the accuracy of the standard and modified discrete ordinates methods. In: *Journal of Quantitative Spectroscopy and Radiative Transfer* 73 (2002), Nr. 2-5, S. 231–238

[Dalzell und Sarofim 1969] DALZELL, W. ; SAROFIM, A.: Optical constants of soot and their application to heat flux calculations. In: *Journal of Heat Transfer* 91 (1969), S. 100–104

[Edwards 1976] EDWARDS, D. K.: Molecular Gas Band Radiation. In: *Advances in Heat Transfer* Bd. 12. Academic Press, 1976, S. 115–193

[Elsasser 1938] ELSASSER, W. M.: Mean Absorption and Equivalent Absorption Coefficient of a Band Spectrum. In: *Physical Review* 54 (1938), S. 126–129

[Farmer und Howell 1994] FARMER, J. T. ; HOWELL, J. R.: Monte Carlo Prediction of Radiative Heat Transfer in Inhomogeneous, Anisotropic, Nongray Media. In: *Journal of Thermophysics and Heat Transfer* 8 (1994), Nr. 1, S. 133–139

[Farmer und Howell 1998] FARMER, J. T. ; HOWELL, J. R.: Comparison of Monte Carlo Strategies for Radiative Transfer in Participating Media. In: *Advances in Heat Transfer* Bd. 31. 1998, S. 333–429

[Fiveland 1984] FIVELAND, W. A.: Discrete-ordinates solutions of the radiative transport equation for rectangular enclosures. In: *Journal of Heat Transfer* 106 (1984), Nr. 4, S. 699–706

[Fiveland 1987] FIVELAND, W. A.: Discrete ordinate methods for radiative heat transfer in isotropically and anisotropically scattering media. In: *Journal of Heat Transfer* 109 (1987), Nr. 3, S. 809–812

[Gerlinger 2005] GERLINGER, P.: *Numerische Verbrennungssimulation.* Springer-Verlag, 2005

[Goody 1952] GOODY, R. M.: A statistical model for water-vapour absorption. In: *Quarterly Journal of the Royal Meteorological Society* 78 (1952), Nr. 336, S. 165–169

[Goody und Yung 1989] GOODY, R. M. ; YUNG, Y. L.: *Atmospheric Radiation - Theoretical Basis.* 2. Oxford University Press, 1989

[Habisreuther 2003] HABISREUTHER, P.: *Untersuchungen zur Bildung von thermischem Stickoxid in turbulenten Drallflammen*, Universität Karlsruhe (TH), Fakultät für Chemieingenieurwesen, Dissertation, 2003

[Hartmann u. a. 1984] HARTMANN, J. M. ; LEVI DI LEON, R. ; TAINE, J.: Line-by-line and narrow-band statistical model calculations for H_2O. In: *Journal of Quantitative Spectroscopy and Radiative Transfer* 32 (1984), Nr. 2, S. 119–127

[Heilos 2002] HEILOS, A.: *Spektrale Analyse der thermischen Strahlungswechselwirkung in Kohlenwasserstoffflammen*, Universität Karlsruhe (TH), Fakultät für Chemieingenieurwesen, Dissertation, 2002

[Helbig u. a.] HELBIG, K.-P. ; BANK, R. von der ; COELHO, P. ; MARAKIS, J. ; CHAMICO, J. ; MBIOCK, A. ; MANCINI, R.: Comparison of Radiative Heat Transfer Methods Using Benchmark Test Cases / RADIARE European Network for Fundamental Improvements in Radiative Heat Transfer. – Forschungsbericht

[Helbig u. a. 2001] HELBIG, K.-P. ; COELHO, P. ; CHAMICO, J. ; MARAKIS, J. ; MBIOCK, A. ; WEBER, R. ; PASINI, S.: Comparison of Radiative Heat Transfer Methods Using Benchmark Test Cases. In: *International Symposium on Radiative Transfer III* , 2001

[Hettel 2006] HETTEL, M.: *Analytische und numerische Untersuchung der Dynamik von Vormischflammen sowie deren Interaktion mit Ringwirbelstrukturen*, Universität Karlsruhe (TH), Fakultät für Chemieingenieurwesen, Dissertation, 2006

[Hottel und Cohen 1958] HOTTEL, H. C. ; COHEN, E. S.: Radiant Heat Exchange in a Gas-filled Enclosure: Allowance for Nonuniformity of Gas Temperature. In: *A.1.Ch.E. Journal* 4 (1958), Nr. 1, S. 3–14

[Hottel und Sarofim 1967] HOTTEL, H. C. ; SAROFIM, A. F.: *Radiative Transfer.* McGraw-Hill, 1967

[Howell 1968] HOWELL, J. R.: Application of Monte Carlo to Heat Transfer Problems. In: *Advances in Heat Transfer* Bd. 5. Academic Press, 1968

[Howell 1998] HOWELL, J. R.: The Monte Carlo Method in Radiative Heat Transfer. In: *Journal of Heat Transfer* 120 (1998), Nr. 3, S. 547–560

[Howell und Perlmutter 1964] HOWELL, J. R. ; PERLMUTTER, M.: Monte Carlo Solution of Thermal Transfer through Radiant Media between Gray Walls. In: *Journal of Heat Transfer* 86 (1964), Nr. 1, S. 116–122

[Hulst 1981] HULST, H. C. van d.: *Light Scattering by Small Particles.* Dover Publications, Inc., New York, 1981

[Jones und Launder 1972] JONES, W. P. ; LAUNDER, B. E.: The Prediction of Laminarization with a Two-Equation Model of Turbulence. In: *International Journal of Heat and Mass Transfer* 15 (1972), S. 301–314

[Kobiyama 1989] KOBIYAMA, M.: Reduction of computing time and improvement of convergence stability of the Monte Carlo method applied to radiative heat transfer with variable properties. In: *Journal of Heat Transfer* 111 (1989), S. 135–140

[Koch 1992] KOCH, R.: *Berechnung des mehrdimensionalen spektralen Strahlungswärmeaustauschs in Gasturbinen-Brennkammern: Entwicklung und Überprüfung von grundlagenorientierten Ansätzen und Methoden*, Universität Karlsruhe (TH), Fakultät für Maschinenbau, Dissertation, 1992

[Kolmogorov 1941] KOLMOGOROV, A. N.: The local Structure of Turbulence in Incompressible Viscous Fluid for Very Large Reynolds' Numbers. In: *Comptes Rendus (Doklady) de l'Académie des Sciences de l'URSS XXX* (1941), S. 301–304

[Krebs 1995] KREBS, W.: *Mehrdimensionaler Strahlungswärmeübergang an Gasturbinen-Brennkammerwände: Entwicklung und Überprüfung von Berechnungsverfahren*, Universität Karlsruhe (TH), Fakultät für Maschinenbau, Dissertation, 1995

[Leckner 1972] LECKNER, B.: Spectral and total emissivity of water vapor and carbon dioxide. In: *Combustion and Flame* 19 (1972), Nr. 1, S. 33–48

[Lee u. a. 1962] LEE, K.B. ; THRING, M.W. ; BEER, J.M.: On the Rate of Combustion of Soot in a Laminar Soot Flame. In: *Combustion and Flame* 6 (1962), S. 137–145

[Lee und Tien 1983] LEE, S. C. ; TIEN, C. L.: Effect of soot shape on soot radiation. In: *Journal of Quantitative Spectroscopy and Radiative Transfer* 29 (1983), Nr. 3, S. 259–265

[Lefebvre 1999] LEFEBVRE, A. H.: *Gas turbine combustion.* 2. Taylor and Francis, 1999

[Li und Modest 2003] LI, G. ; MODEST, M. F.: Importance of Turbulence-Radiation Interactions in Turbulent Diffusion Jet Flames. In: *Journal of Heat Transfer* 125 (2003), October, Nr. 5, S. 831–838

[Libby und Williams 1995] LIBBY, P.A. ; WILLIAMS, F.A.: *Turbulent Reacting Flows.* Academic Press, 1995

[Liu und Tiwari 1994] LIU, J. ; TIWARI, S. N.: Investigation of Radiative Transfer in Nongray Gases Using a Narrow Band Model and Monte Carlo Simulation. In: *Journal of Heat Transfer* 116 (1994), Nr. 1, S. 160–166.

[Ludwig u. a. 1973] LUDWIG, C. G. ; MALKMUS, J. E. ; REARDON, J. E. ; L., Thomson J. A.: *Handbook of Infrared Radiation from Combustion Gases.* Scientific and Technical Information Office, Washington, D.C., 1973 (NASA SP-3080)

[Malkmus 1967] MALKMUS, W.: Random Lorentz band model with exponential-tailed S-1 line-intensity distribution function. In: *Journal of the Optical Society of America* 57 (1967), Nr. 3, S. 323–329

[Mbiock und Weber 2000] MBIOCK, A. ; WEBER, R.: *Radiation in Enclosures.* Springer, 2000

[Michelfelder und Lowes 1973] MICHELFELDER, S. ; LOWES, T. M.: Report on M-2 Trials / IFRF, The Netherlands. 1973. – IFRF Doc. F36/a/04

[Mie 1908] MIE, G.: Beiträge zur Optik truber Medion, speziell kolloidaler Metallösungen. In: *Annalen der Physik* 4 (1908), Nr. 25, S. 377–445

[Modest 1992] MODEST, M. F.: The Monte Carlo Method Applied to Gases with Spectral Line Structure ASME (Veranst.), 1992, S. 79–84

[Modest 2003] MODEST, M.F.: *Radiative Heat Transfer.* 2. Academic Press, 2003

[Peters 2000] PETERS, N.: *Turbulent Combustion.* Cambridge University Press, 2000

[Petrasch u. a. 2007] PETRASCH, J. ; WYSS, P. ; STEINFELD, A.: Tomography-based Monte Carlo determination of radiative properties of reticulate porous ceramics. In: *Journal of Quantitative Spectroscopy and Radiative Transfer* 105 (2007), Nr. 2, S. 180–197

[Pierrot u. a. 1999] PIERROT, L. ; SOUFIANI, A. ; TAIN, J.: Accuracy of narrow-band and global models for radiative transfer in H_2O, CO_2, and H_2O-CO_2 mixtures at high temperature. In: *Journal of Quantitative Spectroscopy and Radiative Transfer* 62 (1999), Nr. 5, S. 523–548

[Planck 1901] PLANCK, M.: Ueber das Gesetz der Energieverteilung im Normalspectrum. In: *Annalen der Physik* 309 (1901), Nr. 3, S. 553–563

[Poinsot und Veynante 2001] POINSOT, T. ; VEYNANTE, D.: *Theoretical and Numerical Combustion.* R.T. Edwards, 2001

[Pope 2000] POPE, S. B.: *Turbulent Flows.* Cambridge University Press, 2000

[Pope 1978] POPE, S.B.: An Explanation of the Turbulent Round-Jet/Plane-Jet Anomaly. In: *AIAA Journal* 16 (1978), Nr. 3, S. 279–281

[Prandtl 1925] PRANDTL, L.: Bericht über Untersuchungen zur ausgebildeten Turbulenz. In: *Zeitschrift für angewandte Mathematik und Mechanik* 5 (1925), Nr. 136–139

[Raithby 1999] RAITHBY, G. D.: Discussion of the finite-volume method for radiation, and its application using 3d unstructured meshes. In: *Numerical Heat Transfer, Part B: Fundamentals* 35 (1999), Nr. 4, S. 389 – 405

[Rothman u. a. 2003] ROTHMAN, L.S. ; BARBEB, A. ; CHRIS BENNERC, D. ; BROWND, L.R. ; CAMY-PEYRETE, C. ; CARLEERF, M.R. ; CHANCEA, K. ; CLERBAUXF, C. ; DANAE, V. ; DEVIC, V.M. ; FAYTH, A. ; FLAUDI, J.-M. ; GAMACHEJ, R.R. ; GOLDMANK, A. ; JACQUEMARTA, D. ; JUCKSA, K.W. ; LAFFERTYL, W. J. ; MANDINE, J.-Y. ; MASSIEM, S.T. ; NEMTCHINOVN, V. ; NEWNHAMO, D.A. ; PERRINI, A. ; RINSLANDP, C.P. ; SCHROEDERQ, J. ; SMITHO, K.M. ; SMITHP, M.A.H. ; TANGQ, K. ; TOTHD, R.A. ; VANDER AUWERAF, J. ; VARANASIN, P. ; YOSHINOA, K.: The HITRAN molecular spectroscopic database: edition of 2000 including updates through 2001. In: *Journal of Quantitative Spectroscopy and Radiative Transfer* 85 (2003), Nr. 1-4, S. 5–44

[Sawetprawichkul u. a. 2002] SAWETPRAWICHKUL, A. ; HSU, P.-f. ; MITRA, K.: Parallel Computing of Three-Dimensional Monte Carlo Simulation of Transient Radiative

Transfer in Participating Media, 2002 (8th AIAA/ASME Joint Thermophysics and Heat Transfer Conference)

[Siegel und Howell 1972] SIEGEL, R. ; HOWELL, J.R.: *Thermal radiation heat transfer.* McGraw-Hill, 1972

[Snegirev 2003] SNEGIREV, A.: Monte-Carlo Modeling of Radiative Heat Transfer in Unconfined Buoyant Turbulent Diffusion Flames. In: *Proceedings of Eurotherm 73 Computational Thermal Radiation in Participating Media II*, 2003, S. 259–270

[Snegirev 2004] SNEGIREV, A. Y.: Statistical modeling of thermal radiation transfer in buoyant turbulent diffusion flames. In: *Combustion and Flame* 136 (2004), S. 51–71

[Solovjov und Webb 2001] SOLOVJOV, V. P. ; WEBB, B. W.: An Efficient Method for Modeling Radiative Transfer in Multicomponent Gas Mixtures With Soot. In: *Journal of Heat Transfer* 123 (2001), Nr. 3, S. 450–457

[Soufiani u. a. 1985] SOUFIANI, A. ; HARTMANN, J. M. ; TAINE, J.: Validity of band-model calculations for CO_2 and H_2O applied to radiative properties and conductive-radiative transfer. In: *Journal of Quantitative Spectroscopy and Radiative Transfer* 33 (1985), Nr. 3, S. 243–257

[Soufiani und Taine 1997] SOUFIANI, A. ; TAINE, J.: High temperature gas radiative property parameters of statistical narrow-band model for H_2O, CO_2 and CO and correlated-K model for H_2O and CO_2. In: *International Journal of Heat and Mass Transfer* 40 (1997), Nr. 4, S. 987–991

[Taine 1983] TAINE, J.: A line-by-line calculation of low-resolution radiative properties of CO_2-CO-transparent nonisothermal gases mixtures up to 3000 K. In: *Journal of Quantitative Spectroscopy and Radiative Transfer* 30 (1983), Nr. 4, S. 371–379

[Tancrez und Taine 2004] TANCREZ, M. ; TAINE, J.: Direct identification of absorption and scattering coefficients and phase function of a porous medium by a Monte Carlo technique. In: *International Journal of Heat and Mass Transfer* 47 (2004), January, Nr. 2, S. 373–383

[Tien 1968] TIEN, C. L.: Thermal Radiation Properties of Gases. In: *Advance in Heat Transfer* Bd. 5. Academic Press, 1968, S. 253–324

[Truelove 1987] TRUELOVE, J. S.: Discrete-ordinate solutions of the radiation transport equation. In: *Journal of Heat Transfer* 109 (1987), Nr. 4, S. 1048–1051

[Truelove 1988] TRUELOVE, J. S.: Three-dimensional radiation in absorbing-emitting-scattering media using the discrete-ordinates approximation. In: *Journal of Quantitative Spectroscopy and Radiative Transfer* 39 (1988), Nr. 1, S. 27–31

[Turns 2000] TURNS, S. R.: *An Introduction to Combustion.* 2. 2000

[Wachter 1993] WACHTER, G.: *Spektrale Analyse der Gas- und Rußstrahlung turbulenter Diffusionsflammen im Infrarotbereich*, Universität Karlsruhe (TH), Fakultät für Chemieingenieurwesen, Dissertation, 1993

[Wang und Modest 2006] WANG, A. ; MODEST, M.: Photon Monte Carlo Simulation for Radiative Transfer in Gaseous Media Represented by Discrete Particle Fields. In: *Journal of Heat Transfer* 128 (2006), Nr. 10, S. 1041–1049

[Wang und Modest 2007] WANG, A. ; MODEST, M. F.: Spectral Monte Carlo models for nongray radiation analyses in inhomogeneous participating media. In: *International Journal of Heat and Mass Transfer* 50 (2007), S. 3877–3889

[Wang u. a. 2008] WANG, A. ; MODEST, M. F. ; HAWORTH, D. C. ; WANG, L.: Monte Carlo simulation of radiative heat transfer and turbulence interactions in methane/air jet flames. In: *Journal of Quantitative Spectroscopy and Radiative Transfer* 109 (2008), Nr. 2, S. 269–279

[Wang u. a. 2005] WANG, L. ; MODEST, M. ; HAWORTH, D. ; TURNS, S.: Modeling nongray gas-phase and soot radiation in luminous turbulent nonpremixed jet flames. In: *Combustion Theory and Modelling* 9 (2005), Nr. 4, S. 673–691

[Wang u. a. 2007] WANG, L. ; YANG, J. ; MODEST, M.F. ; HAWORTH, D.C.: Application of the full-spectrum k-distribution method to photon Monte Carlo solvers. In: *Journal of Quantitative Spectroscopy and Radiative Transfer* 104 (2007), S. 297–304

[Warnatz u. a. 1997] WARNATZ, J. ; MAAS, U. ; DIBBLE, R. W.: *Verbrennung (Physikalisch-Chemische Grundlagen, Modellbildung, Schadstoffentstehung).* Springer-Verlag, 1997

[Weber und Mbiock 2000] WEBER, R. ; MBIOCK, A.: Test cases for radiative heat transfer - Radiation in enclosures. IJmuiden, 2000 (IFRF Doc No K 70/y/136). – Forschungsbericht

[Wetzel 2007] WETZEL, F.: *Numerische Untersuchungen zur Stabilität nichtvorgemischter, doppelt-verdrallter Flammen*, Universität Karlsruhe (TH), Fakultät für Chemieingenieurwesen, Dissertation, 2007

[Williams 1988] WILLIAMS, F. A.: *Combustion Theory*. 2. Addison-Wesley Publishing Company, 1988

[Yang u. a. 1995] YANG, W.-J. ; TANIGUCHI, H. ; KUDO, K.: Radiative heat transfer by the Monte Carlo method. In: *Advances in Heat Transfer* 27 (1995)

[Young 1977] YOUNG, S. J.: Nonisothermal band model theory. In: *Journal of Quantitative Spectroscopy and Radiative Transfer* 18 (1977), Nr. 1, S. 1–28

[Zeeb u. a. 2001] ZEEB, C. N. ; DOLAGHAN, J. S. ; BURNS, P. J.: An Efficient Monte Carlo Particle Tracing Algorithm for Large Arbitrary Geometries. In: *Numerical Heat Transfer, Part B: Fundamentals* 39 (2001), S. 325–344

[Zhang und Modest 2002] ZHANG, H. ; MODEST, M.: Evaluation of the Planck-mean absorption coefficients from HITRAN and HITEMP databases. In: *Journal of Quantitative Spectroscopy and Radiative Transfer* 73 (2002), Nr. 6, S. 649–653